いちばん大切なのに
誰も教えてくれない
段取りの教科書

創意，從計畫開始

水野學

「相鐵品牌提升計畫」

「茅乃舎」

熊本縣官方吉祥物「熊本熊」©2010 熊本県くまモン

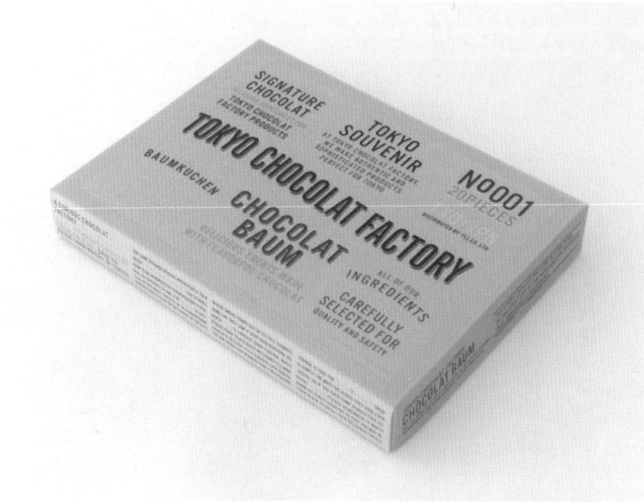
SIGNATURE CHOCOLAT
TOKYO CHOCOLAT FACTORY PRODUCTS
TOKYO SOUVENIR
AT TOKYO CHOCOLAT FACTORY, WE MAKE AUTHENTIC AND SOPHISTICATED PRODUCTS PERFECT FOR TOKYO
N0001
20PIECES
TOKYO CHOCOLAT FACTORY
BAUMKUCHEN
CHOCOLAT BAUM
DELICIOUS TREATS MADE WITH FLAVORFUL CHOCOLAT
ALL OF OUR INGREDIENTS
CAREFULLY SELECTED FOR
QUALITY AND SAFETY
CHOCOLAT BAUM

TOKYO SOUVENIR
TOKYO CHOCOLAT FACTORY
CHOCOLAT FACTORY
NOWHERE OR NOW HERE?
TOKYO SOUVENIR
TOKYO CHOCOLAT FACTORY
CHOCOLAT FACTORY
NOWHERE OR NOW HERE?

SOUVENIR
CHOCOLAT
MILK CHOCOLAT FLAVOR

TOKYO CHOCOLAT FACTORY
CHOCOLAT BAUM
TOKYO CHOCOLAT FACTORY

「東京巧克力工廠」

目次

CHAPTER 5 前往目的地的團隊行動

Prologue
很重要卻找不到的「工作計畫教科書」

「動作很慢……」
「做事不得要領……」
「團隊都是豬隊友……」

如果你有這樣的煩惱，這本書應該對你很有幫助。

我本身的工作是「創意總監」，這個工作簡單的說就是「支援企業或商品品牌設計的相關工作」。

目前為止曾參與協助的案子有：中川政七商店、「熊本驚奇」衍生出的熊本熊、永旺的「HÓME CÓORDY」等等。

雖然工作量非常大，但很謝謝大家的厚愛，讓我能一直接到工作委託，目前也是**同時有十幾件案子一起進行的狀態**。

而且每個案子參與人員的職業、業種和地位都不太一樣，從公家機關、餐飲、成衣、鐵路、雜貨到家具等各種領域的工作都有。

雖然每天都有許多工作同時進行，需要跟各式各樣的相關人士溝通，但我自己並不覺得有壓力，且工作大多進展順利，團隊也都運作良好。

為什麼可以做到這種程度呢？

絕對不是我自己想怎麼做就怎麼做。如果這樣的話，工作一定很快就失敗告終。

能沒有壓力又讓工作順利進行，主要是因為我將「工作計畫」（段取り）做

得很確實。

「工作計畫」這個詞聽起來可能有點過時，但對工作來說卻非常重要。包括決定工作的目的，仔細做出計畫，一邊預想各種可能的突發狀況，最後依照時間完成。

如果沒有工作計畫，每天一定會手忙腳亂，大小麻煩不斷，專案也會像斷線的風箏一樣不知道飛到哪裡去。

所以工作計畫是「工作的最基本」。

但「工作計畫該這麼安排」這件事，為什麼學校或公司都不教你呢？既然這樣，我自己來寫一本「工作計畫的教科書」好了——這樣的想法便是我開始撰寫本書的動機。

「工作計畫」其實就是「例行公事化」

後面的正文還會詳細介紹，我認為最重要的就是「例行公事化」。

不管什麼工作基本上全都「一樣」。

「不不，文具的設計跟服裝設計完全不一樣喔！」

「鐵路的品牌建立跟商標製作應該很不一樣吧！」

雖然可能有人會這麼說，但我卻認為不管是多麼不一樣的案子，核心都是一樣的；即使表面上看起來不一樣，工作的骨架和本質也全都一樣。

可能是我的頭銜中有「創意」這個詞讓大家有些誤解，認為我每天都會不斷接觸新的事物，但實際上我**很少遇到什麼「新的事物」**，頂多有些突發狀況，但也多半不出預料之內。

如果能將各種狀況都變成「例行公事」，每天就能「安穩度日」，只是不慌不忙地處理好眼前該做的事，工作就能順利進行。

「這只是在應付工作吧？」

有人可能會這麼想，但其實不是的，應該說剛好相反；正因為將每次的工作都當成例行公事處理，才會產生「更好的東西」或「更有趣的想法」。

「工作計畫」或許可以改稱「例行公事化」也說不定。

因為透過工作計畫讓工作例行公事化，才能在預先打好的基礎上提升工作產出的層次。

反過來說，如果沒有工作計畫，每次的工作都是「新事物」的話，那麼場面一定會變得相當混亂。腦子裡亂七八糟，不知道什麼才是正確的，只能靠做出來的東西賭一把……這種情形才叫「應付」吧！

只有確實做好工作計畫，才能打穩工作的基礎，工作也才會做得更加完善。

安排工作計畫是為了讓工作能「徹底完成」

另一個需要工作計畫的理由，就是為了要讓工作能「徹底完成」。

創意總監的工作可不是光提出想法讓別人接受就好，而是要將想法具體落實，在市面上推出。

這時候如果確實做好工作計畫，就不會發生中途遭遇挫折，或是想法消失在半空中的情形。

在獨立開了自己的公司以後，對「徹底完成」這件事會特別有責任感。**不論多好的想法，多棒的設計，如果沒具體落實、在市面上推出就沒有意義，當然也收不到錢**，所以「徹底完成」非常重要。

該做的事都沒有漏掉，現在的做法可以確實接近目標，且該做的事都能依行事曆在預定的時間之內一一執行……。

正因為有「工作計畫」，才能有始有終地徹底完成工作，也才會感覺到終於「把工作做完了」。

專案即使能夠「開始」，最後會做到「徹底完成」的人意外地並不多，因此只要能落實工作計畫，就能拉大與許多人的差距。

怕麻煩的人更需要「工作計畫」

「任何工作都需要先有工作計畫」的做法，可能會讓人覺得我是個性一絲不苟的人，然而實際上我是很怕麻煩的人。

既然是怕麻煩的人，為何特別堅持要有工作計畫呢？那是因為**有了工作計畫**

「就結果來說才能省掉很多麻煩。」

「唉唷！思考工作計畫的細節好煩，想到什麼就做什麼吧！」如果這樣開始工作，效率一定會變得很差。因為這樣做周圍的人不會跟著動起來，當然也就不太可能得到高質感的成果。不事先做好溝通，團隊會像多頭馬車，之後也會不斷出現需要重新溝通協調的情形。

怕麻煩的人都討厭多花力氣或多花時間的事，如果沒有工作計畫，無效的作業就會不斷增加，並因此浪費許多時間。

「討厭無效的作業，討厭多花時間，但卻想在結案日之前完成高質感的工作……。」

如果你跟我一樣有這種不切實際的願望，代表你也有成為工作計畫專家的潛質。越是怕麻煩的人，就越需要工作計畫，因為工作計畫不可或缺。

說到這裡，是否稍微了解工作計畫的重要性了呢？那麼就快點進入工作計畫的具體內容吧。

CHAPTER 1

工作計畫從決定「目的地」開始

1

想像專案的目標

這項工作的「目標」決定好了嗎？

在思考「工作計畫」時，也來想一下「工作」是什麼。

將「工作」拆解後，大致可分為三個部分。

①決定目的地

②描繪前往目的地的地圖

③步行前往目的地

就是這三個部分。

雖然一般多半會把執行③「步行前往目的地」的最佳步驟稱為「工作計畫」，但多數的情況卻會因為沒有先做好①或②而進行得不太順利。

在目的地曖昧不明的情況下出發，就好像臨時起意開始爬山一樣。在爬山的過程中會疑惑「咦！我到底在爬什麼山？」，有時甚至「發現的時候已經爬到不同的山了……」。

所以在最初決定好「正確的目的地」這件事極為重要。

就工作來說，「明確的目標」非常重要；而「能否清楚想像」這個目標，則是區分工作成敗的關鍵。

那麼，為了決定目的地該怎麼做才好呢？

我的答案是**「可以想像得出來」**。不是模糊的想像，而是要可以看見又真確實在的想像。

製作商標是「目的地」嗎？

就以「熊本熊」的例子來說明吧！

熊本縣跟該縣的顧問小山薰堂商討熊本的推廣。

薰堂先生提出的行銷方案，是配合二〇一一年九州新幹線鹿兒島線全線開通，「向全世界宣傳熊本的好地方」。這個名為「熊本驚奇」的計畫，希望讓市民動起來，將熊本令人怦然心動或熱血沸騰的地方推廣出去。

計畫將以收集「熊本的這種地方好厲害啊！」為題材，在伴手禮或特產品貼上「熊本驚奇」的商標貼紙等等方式盛大展開。

而我收到的工作委託，則是為「熊本驚奇」設計商標。

在聽過薰堂先生的說明，並讀過資料後，有一個地方讓我很在意，「只是製作網站或商標，真的會造成轟動嗎？」心裡雖然一直有這樣的懷疑，我還是決定先把商標做出來再說。

但到了正式提案的階段，我仍然糾結不已，「好像沒有什麼有效的方法，可以將熊本驚奇推廣出去……。」

懷疑「這樣真的可以嗎？」

我向來都會**想像可見又真實的計畫完成狀態**。

在紀念品商店或賣場中，有許多禮盒上面都貼著「熊本驚奇」的貼紙，如果自己在那裡會怎麼樣呢……。蔬果賣店的店頭擺著哈密瓜、西瓜或番茄等等，如果貼著「熊本驚奇」的貼紙，站在那裡的我會想著「哇！熊本的，快買快買」嗎？

像「大間的鮪魚」這類地域性很明確的品牌或許會買吧，但如果是「熊本的西瓜」，我可能根本不會覺得有什麼特別。

這樣的話，真的可以兩手抱著哈密瓜或西瓜，跟別人說「熊本真好！熊本的食物真好吃！」嗎？**與其貼貼紙，有個代言人說不定還比較好呢**。

「有誰可以做到這件事呢？」

我想到的人是東國原英夫。

當時東國原知事作為宮崎縣的宣傳隊長非常活躍，熊本如果也有東國原先生這樣的人物就好了；然而我卻想不到什麼適合「人物」，於是就考慮要設計吉祥物。

吉祥物蹦出來宣傳「熊本就是這麼好喔！」不是更能造成轟動嗎？我直覺認為這種做法更能吸引人們的目光。

既然是熊本，用熊比較容易理解吧。於是我在家裡穿著睡衣，對著 Mac 畫起了熊的吉祥物，畫好之後立刻傳給其他工作人員，經過評估調整後，再進行提案。

類似這樣，原本這個案子並非「製作吉祥物」的委託，最初的企劃也完全看不到熊本熊的影子，但只要想像整個企劃案的最終完成狀態，就會想到比起貼商標貼紙，由熊本熊來宣傳「熊本就是這麼厲害！」更能造成轟動。

我經常質疑我自己。

質疑「真的是這樣嗎？」、「沒有更好的方法嗎？」等等，這種時候很有效的做法，就是嘗試「可見又真實的想像」。

切換「發想的頻道」

人在想像目標或答案時，總會認為路只有一條，然後只能朝著目標一步一步地前進。

但這世上有飛機，也有新幹線，說不定連「任意門」都有呢。

絕對不要放棄可以用最快的速度接近答案的方法。

前陣子，我在檢討一個計畫，關於「能否在農場吸引顧客做生意？」內容是在農場內體驗擠牛奶、採收蔬菜等，想知道大家會不會有興趣。

如果是普通的做法，大概會想：「是什麼樣的農場呢？要怎樣設計才會有人來呢？」

但我聽到這件事的當下便直覺認為：「農場要吸引顧客或許相當困難。」

「農場體驗」雖然很常見，但通常只要去過一次就覺得足夠了，**「農場會有人來」這種想法本身就是一種幻想啊**。

就算會去農場，也很難想像有人每週都去；即使短時間造成話題，若只是「一時流行」也沒有意義，必須要有人持續光顧才行。

至少我是這麼想。

「反過來說，什麼地方每週都會去呢……？」

我想到的答案是「公園」。

同樣是做生意，如果是「公園」的話，來的人會不會比較多呢？我提出了這樣的假設。

雖然是公園但有牛隻、雖然是公園但可以採收蔬菜、雖然是公園但有麵包店……。如果有這樣的公園會不會很有趣呢？就像紐約中央公園附近的餐廳會聚集很多人，如果不用「農場」而改以「公園」的名義推出，會不會更容易受歡迎？

我接到工作委託時，最初都是從懷疑開始的。99％的情況都會懷疑，已經成了一種「毛病」。這個案子也是因為最初的懷疑，才會從「農場」切換到「公園」的頻道。

乍看之下很像是在談「想點子的方法」，但這種做法確實對加速工作進行很有幫助。

不少人為了得到答案會用很糟的方法，然後花很多時間，但只要想出不用徒步，可以改搭飛機或新幹線抵達目標的點子，速度就可以大幅提升。

想像「客人會怎麼說」

那麼，該怎麼做才能「切換發想的頻道」呢？

當我聽到「想做農場生意」的時候，腦中浮現的是推著嬰兒車前往「△△農場」的畫面。

不過當這個畫面變得很真實的時候，就會產生「如果推著嬰兒車才不想去農場」的念頭。

每個人都很重視「自己過著怎麼樣的生活」、「去哪些地方玩樂」；住的地方也會強調「住湘南地區」還是「住在橫濱」等等。

換句話說，大家都會將精力投注在「提升自己的身價」這件事。最近流行的Instagram便是這種概念的延長，因此**「推著嬰兒車會去哪裡」就變得非常重要。**

想要快點得出答案，就必須盡全力想像出完成的樣子，然後想像「看到完成的樣子的人」，也就是要變身成為消費者或客人。

像看電影一樣，想像看到計畫完成狀態的「是誰？」、「會如何開心？」、「會說些什麼？」、「會有什麼樣的表情？」這麼做的話，自然就會接近正確答案。

2

利用「視覺畫面」建立對目標的共識

使用「圖片檢索」來想像畫面

即使採用了可以加快工作速度的方法，如果弄錯了目的地，一切都是枉然。因此想像出目標，決定正確的目的地非常重要。

我在製作目標的想像畫面時，常會使用「Google 的圖片檢索」。

舉例來說，如果要做「公園」的計畫，我會先在 Google 用「漂亮的公園」這個關鍵字進行圖片檢索，輸入之後會立刻出現大量的照片，再從中挑出我喜歡的，例如「綠意圍繞的公園很不錯」、「有藤架的日式公園也很不錯」。

目標的想像畫面雖然也可以用「文字」形容，但如果只用「公園」兩個字來說明，會顯得很不精確。

用文字說明圖片需要大量的資訊。

例如「天色將暗未暗的夜晚，打著燈的櫻花，紅色的橋，從左前方到右後方有河流流過，沒有打燈的部分則是岩石。」光聽這樣的說明應該也想像不太出來吧，但只要看到照片一眼就能了解。

因此只用文字說明「自己想做什麼」，很容易變得模糊不清，**最好先試著搜尋完成狀態畫面的「照片或視覺影像」**。

「『視覺化』什麼的難道不是設計師的工作嗎？」或許有人會這麼說。然而透過想像完成狀態的畫面，可以讓我們看出目前工作的「原始碼行數」，也就是能幫助我們看出難易的程度，需要用什麼樣的速度進行，預算多少等各式各樣的內容。

所以我認為「先進行照片檢索」的做法，可以應用在各種專案中，而不僅限於設計相關的工作。

又或許有人會想，進行照片檢索難道不會擔心「想像畫面太過固定」嗎？

我認為想像畫面之所以會固定下來，就代表它剛好合適；**如果出現了吻合的畫面，先固定下來也沒問題**。之後若有其他提案，或是接到其他指示，再看看還需要做些什麼，即使創意點子有兩個也無所謂。

創意發想可分為「展開」與「篩選」兩個階段。

決定目的地時需要的是「展開」。

就像在展開的地圖上到處探索，覺得「這邊好像不錯」、「那邊好像也不錯」，類似「美國好呢？還是歐洲呢？」。決定了大方向之後，再進行篩選，更進一步選出「倫敦好呢」或者「紐約呢」。

如果有兩個目的地，就兩邊都走走看。

決定「完成狀態的畫面」

經常會聽人家說：「要從概念開始思考。」概念很容易確定時當然可以這麼做，不過如果無法輕易確定時，還是先從「完成狀態的畫面」開始思考比較順。

我曾設計「東京巧克力工廠」（TOKYO CHOCOLATE FACTORY）這項東京伴手禮。

設計當時也是**先使用圖片檢索來「收集資料」**。

產品是一種巧克力甜點，於是我便先收集各種巧克力的照片，過程中又想到「像傑克丹尼爾威士忌的包裝的感覺好嗎？還是要有巧克力本身那種好吃的感覺……。」只要看到接近的圖像都隨手收集起來。

經過這個階段，一下子就完成了草圖，做出了非常簡單又有型的設計，暫定的方向接近很男性化的「GODIVA」或「傑克丹尼爾」（Jack Daniel's）。

但是在那之後，我的妻子同時也是製作人卻說：「這個我不會買喔！」還說：「不能做得可愛一點嗎？」雖然包含我在內的工作人員都覺得：「咦！認真的嗎？」但還是決定試試看別的方向。

我腦中想到的另一個畫面是「架空的工廠」。先想像「如果有架空的巧克力工廠，那會是什麼樣的地方呢？」於是便針對「美國的遊樂園」等可能比較接近的畫面進行圖片檢索，試著尋找類似在「康尼島」或「佛羅里達的迪士尼世界」等地，垂掛大量燈泡的圖片印象。

順帶一提，包裝紙也特別採用「門票」的圖像。這項伴手禮的概念雖是「巧克力工廠」，不過這座巧克力工廠卻是像遊樂園的地方，所以包裝紙也用貼滿了「前往巧克力工廠門票」的樣子呈現。

這個案子怎麼樣才算成功呢？

話說回來，這個「東京巧克力工廠」的案子，要怎麼樣才算成功呢？

或者說，這次的「目標」是什麼呢？

常會見到因為太在意設計而沒有掌握好這部分的例子。我試著問了一下員工，得到這樣的答案：「達到顧客設定的目標銷售量或銷售金額就算成功吧……。」我卻認為：「才不是這樣呢！」

達到銷售量或銷售金額不是「目標」而是「結果」。

在商業領域中似乎有著將結果誤認為目標的傾向。

就這個案子來說，我認為「成為東京最好的伴手禮」才是真正的「目標」。

我雖然住在東京，但提到「東京的伴手禮」時，常會覺得找不到適合的東西。

剛好這次設計的甜點是包上巧克力外衣的年輪蛋糕，像這樣的甜點大概沒有人會討厭吧？如果再加上好的設計，難道不會成為「最棒的東京伴手禮」嗎？

此外，如果「東京巧克力工廠」賣得好的話，東京的形象應該也會跟著提升吧？雖然可能只有○．○○一公厘，但一定會提升！所以如果問起「怎麼樣才算成功？」我認為這樣才算成功，不是嗎？

談「設計該怎麼做」、「包裝該怎麼做」之前，確實掌握「怎麼樣才算成功」，並事先達成共識是工作進行時相當重要的事。

學會說清楚「為什麼這樣做」的邏輯

大家對設計師或創意總監的印象，或許都是靠直覺來做決定吧。

在很多人的印象中，當這些人被問到：「為什麼要這樣設計？」通常會回答：「沒什麼，就是想這麼做。」

但如果被問到：「為何要採用這個設計？」我一定會很明確又很有邏輯地說明。

「東京巧克力工廠」便是以下的情況：

因為想做出「最棒的東京伴手禮」，所以先想想「東京」。東京的印象大概可以分為三類。

一類是昭和三〇年代，像是電影《Always幸福的三丁目》中過去的印象；第二類是混和了稜角分明的高樓，以及雜亂的新宿黃金街的現代印象；第三類則是像《銀翼殺手》中近未來都市的未來印象。

接著再想，這三類中，若提到「好像很好吃的印象」會是過去、現在或未來中的哪一種呢？

剛好那陣子去了新橫濱的拉麵博物館，勾起了我對充滿懷舊氛圍的「明星風笛拉麵」的記憶，想到肚子都餓了起來……於是我就想，同樣是拉麵店，比起外觀非常乾淨的店，看起來有點舊的店反而讓人覺得比較好吃吧。

因而也察覺到，**「過去」才會有看起來很好吃的印象。**

當搜尋「東京的過去」圖像時，又跑出了「工廠」的畫面……。從「有工廠、有巧克力……」又聯想到「巧克力冒險工廠」，然後就產生了「東京巧克力工廠」的命名概念。

乍看之下好像是憑感覺做出來的東西，但對於「為什麼這樣命名？」、「為什麼用這樣的視覺？」我都能一一說明。這樣一來，不但客戶很容易接受，也很容易就能找到正確的答案。

因此當我說出「這樣做比較好」時，一定都有理由。

不斷思考完成畫面的視覺印象，而且要可以清楚說明中間的過程，我認為這非常重要。

3

將想像範圍擴大到一百年以後

事前可以想像到什麼程度是勝負的關鍵

開始工作時可以將最終完成型態想像到何種程度，是決定工作成敗的關鍵。不是隨便想想，而是要盡可能詳細，盡可能擴大想像的範圍。

舉個例子來說，如果接到了「請幫忙砍冷杉樹」的委託，通常會從這樣的談話開始：「要怎麼砍呢？」、「預計什麼時候進行呢？」

但是我卻會考慮：**「這樹砍掉沒問題嗎？」**

即使眼前的人說要「砍掉」，但我一定會想，砍掉真的可以嗎？如果是保護林，「人家叫你砍就砍」顯然會有很多問題；即使森林管理員說「沒問題喔！」，如果可以比較好的狀況是，自己要調查清楚到底有沒有特別許可。

不管是客戶的委託，或是值得信賴的工作夥伴的委託，都要想像有無觸犯法律或歧視問題等最低限度規範的可能性，並在想像之後仔細確認。

若單純根據「公司的命令」或「主管的命令」，在不提出任何疑問的情況下，完全依照指示做事，大概有95%的機會不會出問題；但在這個剩下5%的機會有可能被設計陷害的時代中，最初還是應該抱持著深度的懷疑，**甚至故意想像得稍微負面也沒關係**，至少我是這麼認為。

幸好現在利用網路等調查方式變得很方便，可以盡可能事先做好控制掌握各樣的狀況。

這麼做真的有必要嗎？

接著要考慮**「真的有必要砍樹嗎？」**

就因為前提是「一定得砍掉冷杉樹，砍掉最好！」才會有「希望能砍樹」的委託吧！所以砍掉不是理所當然的嗎……雖然一般情況都會這麼想，但最好還是多發揮一下想像力，試著質疑這個「理所當然」。

為了「讓森林變得更明亮」，森林管理員或許會要求「砍掉冷杉樹」；但會不會有可能不用砍掉冷杉樹就能變得更明亮；或者不用砍掉冷杉樹，砍掉柳杉樹說不定比較好呢。

如果不考慮目的，只是完全依照委託的要求，並不會產生最好的結果，這種想法似乎已成為我的毛病。

即使在組織當中，最好也能養成習慣，隨時思考「這個指示真的有必要嗎？是最好的嗎？其他方法會不會更容易達成目的呢？」

要想像到案子結束「之後」

另一點則是想像「在那之後」。也就是**「樹砍掉之後會有什麼改變呢？」**

任何事物都處在均衡的關係中。

砍掉冷杉樹也可能會造成生態系的改變，冷杉樹（的下方）說不定是長期生長在森林中的鹿群的重要棲地，如果失去了棲地，鹿群的生存受到影響，可能會迫使牠們破壞農作物也說不定……想像到這樣的畫面也非常重要。

這種做法可以應用在各種工作。

一項工作完成後對周圍的影響，必然也會間接再產生其他影響。這樣的影響有好有壞，商品即使賣得再好，若生產過程中會對環境產生不良影響就不該生產。「想像在那之後」也可以說是一種風險對沖，主要針對「該項工作可能遇到最嚴重的麻煩」。

我還會再進一步想像。

「砍掉冷杉樹的時候，要往哪個方向倒呢？」

如果向西南方倒下，說不定會毀了生長在那一片土地上的美味香菇。

類似這樣，想像一些問題，例如「自己的新產品推出之後，會不會分食其他部門類似商品的市占率」等等。基本上這是針對直接影響的想像，有時候也會有好的影響。

與這些想像無關，若我直覺認為「這好像不太對」，即便沒有理由，也會決定先暫停一下。一定要等到自己完全能夠接受時，才會繼續進行該項工作。

想要做好工作，就不能省略這些想像。

想像商品或專案的「壽命」

我現在正參與相模鐵道（以下簡稱相鐵）的品牌再造計畫。

這個計畫的目的，是為了讓相鐵，這個在橫濱營運超過一百年的鐵路公司，能更受歡迎。

這是一個壽命很長的計畫，基本的想法如下：

「要極力避免因時代變遷可能造成的優勢改變。」

「創造出一百年後仍然一樣好的東西。」

當我在這樣的前提下思考，要怎麼提案比較合適的時候，浮現出來的是「非常正統派」的整體圖像。

提到設計，新奇罕見或有趣的做法，因為較「符合期待」，所以通常也比較容易被接受；反過來說，非常普通、樸實又簡單的提案，常會被質疑：「還有沒有其他設計呢？」

不過一旦以一百年為跨度進行想像，「新奇罕見的東西很容易令人厭煩」的答案，就會清楚地出現在眼前。

・歷久彌新的設計
・常見的顏色和素材
・經過一百年仍不減風采

以這樣的關鍵字為基礎，得出了「安全×安心×優雅」的相鐵設計概念。

安全和安心是普世的價值，也是鐵路公司的責任，設計當然必須顯現出這樣的價值；此外，因為相鐵是創造橫濱這個城市的鐵路公司，所以還要呈現出優雅的高級質感。

不僅是相鐵，只要是我參與的計畫，我都會去想像「壽命有多長」。是在短短幾天內就結束的活動中使用呢？還是經過一個世代仍受到喜愛的東西？雖然一般很容易會把計畫結束的時間視同壽命結束，但**認真想像「更久之後會變得如何」**才是讓計畫成功的祕訣。

隨著時間過去慢慢改變

就相鐵的情況來說，雖然最後「品牌再造是以一百年為跨度的計畫」，但會這麼做，其實還有另一個因自身條件限制而產生的理由。

鐵路跟一般的建築物不一樣，沒有辦法說「施工中，造成困擾還請見諒！」接著就封閉好幾個月或是好幾年。

車站或電車通電的地方很多，基於施工安全考量無法這麼做。因為電車必須三百六十五天不間斷地持續行駛，所以能夠施工的時間非常有限。雖然相鐵不是二十四小時營運，但末班車通過後，還有貨車通行、鐵路整備、試車等等。

即使夜間可以作業，首班車也一定要依時刻表準時運行，所以假如施工破壞了部分的月台，到了白天一定要暫時修復。

換句話說，作業無法快速又順暢的進行，只能一點一點善用短暫的作業時間，設法進行大量的施工和作業。

「該做的事情」很多，時間卻不夠，而且又涉及到很多人，可能互相爭奪工作時間，所以會造成很多壓力……這些是很嚴重的缺點，會讓工作計畫的安排變得很困難。

但我卻認為「只能一點一點進行」的限制，其實有機會變成優點。因此提出以下的方針：

「既然是一百年的計畫，就多花時間慢慢改變。」

最後因為採取了沉穩的做法，作業現場可以不再焦慮；另一個好處則是可以避免受到新設計或流行設計的影響。

此外還領悟到：「因為要花一百年慢慢改變，所以要做出經過一百年也不會改變價值的東西。」

以類似的案例為基礎進行「預測」

要想像到多真實詳盡？

要想像到多廣的範圍？

前面已經說明了其中的重要性。

不過「想像」畢竟有所侷限，要想像完全未知的領域更是困難。因此這種時候最好能**參考類似的案例**。

在相鐵的工作中，我所參考的類似案例是阪急電鐵。這並不是我刻意去尋找經典案例，而是關西出身的人告訴我：「如果做電車相關工作，這個可以拿來參考。」

一九〇七年創業的阪急電鐵，在大阪、梅田與神戶、寶塚、京都之間運行；有川浩曾創作小說《阪急電車》被改編成電影，而充滿風格又可愛的電車也非常有名，關西人只要提到「阪急沿線」都會非常嚮往。

稍微想想阪急電車受歡迎的理由，不難發覺獨特的車輛顏色應該是主要的因素。我原以為那是巧克力色，但實際上，阪急電車的特別色有一個專有的名稱「阪急栗色」。日文栗色的語源來自法文的「marron」（栗子），對應的是具有深度且溫暖又高貴的焦茶色。

根據找到的資料，這個顏色誕生於一九五〇年所舉辦的美國博覽會，雖然有好幾次想要更換，但使用者卻提出「希望不要改變顏色」的反對意見。這無疑地也是阪急電車受到使用者喜愛的最佳證據。

擁有獨特顏色的阪急電車，誰一看到都知道「是阪急！」隨著時間的過去，品牌的價值必定也會越來越高。「不會改變」所帶來的信賴和依戀，完全可以呼應鐵道安心安全的特質。

如果受到地方居民的喜愛且成為品牌的話，沿線的土地價值也會跟著提升；然後嚮往這個地方的人也會出現，使得價值又進一步上揚。雖然不是迅速造成的流行，只是緩慢升溫，但阪急電車已成了當地不可或缺的存在。

只要以阪急電車的範例進行想像，會發現相鐵要達到的目標就在這裡。搭上電車會感到驕傲，看到電車會令人想著「回來啦！」，相鐵應有的樣貌也不外乎如此。

在針對商品或計畫進行想像的時候，不是隨便喊喊就能擴大範圍。首先**要找出前人成功的範例**，只要加以比較，就會找到該做的事或該走的路。

4

將「目標對象」的解析度提升到極致

你的「目標對象」正在讀什麼雜誌呢？

商品、品牌、機構……。

不管是什麼樣的案子，對我來說工作都是由「目標對象」決定的。

我當然知道現在還在書裡面寫這些有點奇怪，畢竟隨便找一本商業書都會寫到「選定目標對象」之類的內容，且大家在每天的會議中可能都會被主管問到：

「這個新產品的目標對象是什麼樣的人？」

但問題的重點並不是要決定目標對象本身，而是決定目標對象的方法。

更精確地說，應該是篩選出目標對象的方法。

「目標對象是年輕的女性。」

「白領上班族會想要的東西。」

目標對象並不是這樣決定的，這樣不但過於籠統，又缺乏想像力，且結論未免下得太早了。

為了非常精準地鎖定目標對象，我會竭盡所有的想像力進行拼貼剪輯，創造出完整的人物形象。

「THE」是我經手的品牌。

就像「提到 the jeans（牛仔褲）會想到 Levi's 501」，這是一個集結各種可以被稱為「這才是△△」的商品品牌。

至於「THE」的目標對象，我是如何設定的呢？

這裡要關注的是**目標對象閱讀的雜誌**；也就是想像「THE」的顧客會讀什麼樣的雜誌。

「我猜應該是《BRUTUS》、《GQ》、《AERA》之類吧……。」

「對呀！目標對象應該是喜歡流行時尚的男性。」如果這時候就決定下來，顯然是搞錯了。

喜歡流行時尚的男性其實應該不會注意「THE」的服飾，為什麼呢？因為在意流行的男性喜歡的，應該是像COMME des GARÇONS或MAISON MARGIELA這種，很著重裝飾性的服飾。「THE」的服飾乍看之下很中規中矩又沒什麼變化，明顯不是他們的選擇。

反過來說，如果是會穿太太或交往對象贈送的衣服，那種不太講究的人，應該會去無印良品或UNIQLO，所以他們也不會選「THE」的服飾。到了這裡，再進一步篩選：

「喜歡THE的人是會買《mono magazine》經典特集的人，雖然也會買

《BRUTUS》但可能不會買有流行特集的那一期。」

雖然有講究的地方但並不是時尚達人，這樣的人不是應該更喜歡「被視為工業設計產品的服裝」嗎？因為對產品的講究，所以比起奇特的設計，反而會更重視品質或材質才對。

以「讀什麼雜誌」為起點進行想像，可以在某種程度鎖定目標對象。考慮過雜誌之後，還可以接著想「會聽什麼音樂呢？」、「喜歡的電視節目呢？」等等，盡量提高目標對象的解析度。

變身成為目標對象並實際「演出」

那麼如果是相鐵的案子又該怎麼想呢？

目標對象當然是乘客和沿線居民，可是這樣的話，不分男女且興趣多元的各種人都會被包含在內，那還需要進行「篩選」嗎？

現有的使用者的特質確實非常多元，而且不管是什麼樣的人，只要不是遇到經常誤點，或車廂很臭這種「完全令人無法接受的電車」，通常也都會持續搭乘，因此這群人可視為「預設的目標對象」，暫時先不予理會。

應該要考慮的，反而是「未來的目標對象」。而關於「未來的目標對象」，我會這麼想：

「結婚第三年，明年會生小孩；現在雖然租房子住，但會想要趁著小孩出生的時機買房子；年收入在平均的水準且相當穩定；丈夫的公司在涉谷，但本身是鄉下出生，所以喜歡悠閒的生活，比起都市派更偏向自然派……。」

這是我所設想的女性，至於今後的目標對象為什麼是女性呢？

這是因為成家買房子的時候，女性的意見通常比較重要。在田園都市線、井之頭線、東橫線等各種可能中，相鐵要被選上，本身必須是對女性有吸引力的品牌。

不是針對現狀不太關心的目標對象，而是針對需要明確描繪出未來的目標對象，才能更清楚地掌握計畫的未來方向。

鎖定目標對象後，就可以變身成為目標對象並實際「演出」。

大家可能都會說：「要站在對方的立場想！」但這裡則要請大家做得更精確，

將想像力的解析度提高到最大。這樣一來才能看出「真的想要那個嗎？」、「真的想去那裡嗎？」這類問題的答案。

當大家都往同一個方向看的時候，我會轉向稍微不同的方向或是反過來看。或許有人覺得這是「故意找碴的看法」，但總之就是要採取跟平常稍微不一樣的角度。

變身成為目標對象時，誠實且不加修飾地去感受非常重要。在開會或討論的時候，如果有喜歡「展示權力」的人參與其中，可能就會無法進行。人們都傾向說好聽的話，尤其當不想被認為做不到的時候，會只說對方想聽的話，但陷阱就在這裡。**身為一個人，不能忘記「真實的感覺」這件事非常重要**。

對進公司第一年的員工，我給的意見經常是：「這個做得真不錯！」因為對業界不熟悉的人，反而較容易看出實際的狀況。商業人士很常在穿上西裝的瞬間，就忘掉了「普通的感覺」。

「我雖然不會買」、「我雖然覺得不太好」這種話都不該說。有些人嘴上雖然會說「根據市場調查的結果這個比較好。」但心中想的卻可能是「如果你都不會買，消費者又怎麼會買呢！」

只要「由上而下」思考，工作計畫自然而然就能決定

第一章談的是工作計畫的前提，也就是「決定好目的地」。這個階段如果做得很踏實，就能加快專案進行的速度，並以最好的形式抵達終點。

雖然也有人會採取「由下而上」的做法，在還沒有想清楚的情況下就先進行，看看開頭如何，之後再慢慢調整，但這樣做明顯會很缺乏效率。

從最終畫面開始「由上而下」思考，不僅可以讓終點的形象變得非常明確，還能自動決定各種事情，也會對之後的工作計畫安排有所幫助。

舉例來說，「橫濱自然週」這個活動預計在橫濱兒童自然公園舉行，準備過程中出現了一個問題：「需要多少攤位或餐車呢？」

這時如果採取「由下而上」的做法，一個一個考慮的話，一定會花掉很多時間，最後可能變成不知道到底在辦什麼活動。

這個活動的「目的」，並不是「要準確地決定數量並提出預算」，而是「要讓活動變得更好，讓更多人可以享受這個活動」。

什麼樣的人會來？有多少人會來？會出現什麼樣的行為？會怎麼想？人會在何處聚集？擁擠的情況如何？

若能確實透過視覺化的方式對這些問題加以想像，就能以現場的地圖進行估算，自然會得出「需要間隔幾公尺，放多少餐車」的答案。

順帶一提，這個活動實際參加的人數遠遠超過原本的預期，餐車完全不夠。但這算是令人高興的誤算，因為參加者的滿意度高達97%。

先決定目的地，這樣做可以讓之後的工作計畫特別順利。接下來，第二章的重點將放在描繪前往目的地的地圖。

CHAPTER 2

爲了做出最棒的工作計畫，先畫出「前往目的地的地圖」

1

所有的工作都是「例行公事」

絕不可能「每天都是新事物的連續」

在談工作計畫之前，有些事要先說清楚。在前言中也稍微提到了工作計畫的前提。

那就是**「所有的工作都一樣」**。

不擅長安排工作計畫的人，或是根本不安排工作計畫的人，很容易會陷入「每天不斷遭遇新事物」的狀態。

也因此才不會為每項工作都一一安排工作計畫，當然也是覺得工作計畫沒有意義所以不這麼做，畢竟要花很多時間，也不太可能落實。

但是在工作中，是完全不可能「每天遭遇新事物」的。

創意總監的工作看似一直在做新的事情。

確實，每天都需進行吉祥物製作、店鋪設計、品牌商標製作、思考品牌概念等各種工作，客戶也是五花八門，從食品業者、零售業、成衣業、鐵路公司，到地方政府、中央省廳等都有。

但是對我而言，即使內容不同，工作依然全都一樣。

首先**任何工作都有「結案期限」**。「為了在一定的時間內完成，要先安排工作時間表」，這點所有工作都一樣。

還有**從開始到最後的任務基本上也都一樣**，不是嗎？

如果需要做的事是從「一」到「十」，有些工作沒有「四」，有些則是有「一・二」、「三・一」之類的意外，但「基本上都是從一到十」，這一點並不會改變。

需要考慮的事情也一樣，需要做的事情也一樣，全部都是例行公事。

不同的地方在於「仔細思考之後產生的創意」或「執行成果與完成後的製作物」，可是進行步驟全都一樣。

如果確實做好工作計畫，就可以把工作當成例行公事，確實地從頭做到尾。不但可以減少無效的作業，缺漏也會變得比較少，更不會有「來不及」、「做不出來」之類的情形。

工作的「本質」都一樣

「雖說是例行公事，但我們公司的情況有點不一樣。」

或許有人會這麼說，大家不知為何都相信「自己的工作是特例」，但真的是這樣嗎？

再仔細想想所謂的例行公事吧。

例如設計的工作，大概會用以下的程序進行：

調查↓畫手繪草圖↓用電腦畫出「試作品」的草圖↓輸出樣本↓輸出最終的樣本（修正版本）

不管是什麼樣的設計工作，幾乎都是這樣的流程。

那麼企劃書的製作又是什麼樣的流程呢？

調查↓決定企劃方向↓決定企劃的綱要↓寫成文字↓添加圖片↓完成

當然形式可能會有很大的差異，但大抵不外乎這樣的流程。

我想說的是，各種工作即使細節或對象不同，大致流程也都是同樣的「例行公事」。

即使看起來不太一樣的工作，剝掉外皮後，骨架還是一樣的。工作的本質都一樣，因此工作計畫也應該不會有太大的差別。

如果再加以擴大延伸，私事同樣也可以變成例行公事。

例如租房子的時候：

設定條件↓篩選出候補↓確認地圖↓確認街景↓看房子的內部↓商議租屋條件↓做出決定

還有做菜的時候：

確認冰箱裡面的食材↓確認食譜↓確認有沒有缺少什麼↓決定菜單↓
去買菜↓動手做菜↓完成

旅行又如何呢？

調查↓確認旅館空房↓安排行程↓
購票↓行前準備↓出門旅行

所有的事物幾乎都可以套入例行公事的「模組」，不會每一次都不一樣。
大概的流程都是一樣的。

調查↓決定大概的方向↓整理出具體的方案↓
實際操作↓完成

如果省略中間的程序、不經調查就直接進行，或是還沒決定好方向就開始想細節，那麼之後的工作計畫一定也會變得不太順利。

這樣的例子其實非常多。

有人可能認為「安排工作計畫」非常困難。稍微想像「做完A之後再做B，進行B的同時也準備C……。」然後所有事項都必須依順序進行，不少人可能會覺得：「這種事不可能每次都做到啦！」，這樣的「工作計畫」如果每次都能做到的話，就不用那麼辛苦了，正因為做不到，大家才會這麼困擾啊！

我的解決方法很簡單。

因為所有事物都是例行公事，只要依照慣例進行就好了，根本不用想得太困難。

意外狀況也都可以「模式化」

全部都是例行公事，全都可以套入模組。

這麼說可能會有人想要反駁吧。

「雖然想當成例行公事處理，可是出現意外的麻煩就做不下去了。」

「因為主管突然亂入，無法根據模組進行。」

每當聽到這類意見時，我的感覺都是「這全都是預料之內的問題」。

雖然問題的嚴重性可能不一樣，但都是工作的一環。

主管突然提出要求這種事每天都會發生。指示變來變去的主管，或是結案期限之前又提出其他想法的客戶，在任何業界都很常見。

這些都是「實際會發生的事」。**不管會出現什麼麻煩或意外，事先掌握可能的模式也是工作計畫的一部分。**

舉例來說，經驗老到的計程車司機聽到客人說：「請到六本木山。」一定會確認：「是有森美術館的六本木山嗎？」

我可以想像得到，這是因為很多乘客告知目的地時，會把相隔不遠且形象類似的「東京中城」與「六本木山」搞混。常常會發生先說「六本木山」，可是當計程車到達六本木山時，客人又改口：「啊！抱歉，到東京中城才對。」

說不定這早就被當成「可能發生的意外模式」預先記住了。司機為了避免意外，採取的對策就是事先確認，而我也覺得司機這樣「很擅長運用工作計畫」。

意外也好，麻煩也好，都可以事先模式化；還有「避免麻煩的方法」、「出現問題時的處理方法」等，也都可以加以模式化，並成為工作計畫的一部分。

只要這麼做，任何麻煩都會變成「預料之內」的問題。

2

當成「例行公事」才會產生餘裕，提升工作的品質

增加例行公事，讓工作「模式化」

過去我也曾經歷沒有「例行公事化」，碰到什麼工作就做什麼的時期。不過後來我發覺到，這樣會多做許多無用的事情。

我建議還是要盡可能把工作變成「例行公事」。當然案子的種類很多，不太可能所有的工作都能採取同樣的方式進行，但我認為還是可以試著套入幾種模式。

大致會有以下的情形：

・同業種由少數人執行的案子。
・企業或地方政府等業種不同、參與人數很多的計畫。

・與活動相關，工作時間非常緊湊的計畫。
・長年持續進行的例行性計畫。

「模式化」非常方便。

舉例來說，如果是不同業種的人一起參與的計畫，有一些特徵從一開始就能事先掌握。像是「開會做決議會花很多時間」，或是「彼此缺乏溝通默契，說明概念時若不仔細用簡單的方式說明，將來很容易產生問題。」

只要能做到這一點，不管對方是地方政府或是製造商，都可以用「嗯，同樣的模式」的態度從容應付。

以自己工作模式為基礎安排的工作計畫，基本上也都能順利進行。

重點在於**模式的數量要盡可能精簡**。如果還需要從數不清的模式當中挑選出「今天是什麼模式？」，那麼「模式」就沒有意義了。

不管什麼公司，一定都有「經費計算要用 Excel 製作的表格輸入」之類的模式化吧。這裡談的也是一樣的意思，如果不先進行模式化，就直接作業，每次都要重新製作表格。

此外，越是「不進行模式化也能做到」的簡單作業，就越需要建立模式。

如果是簡單又很熟練的工作，從頭開始進行也不會花太多力氣，但就像「積土成山」的道理一樣，會造成許多時間的損失。

若不進行模式化，長久來看事情還是會變得很麻煩；反之，模式化之後可以減少多餘的動作，讓工作變得更有餘裕。

例行公事增加，工作「品質」也會提升

不過有人可能不太贊同，認為：「工作太複雜了，根本沒辦法模式化！」但我卻認為，正因為是複雜又麻煩的工作才更需要模式化。

只要將可以模式化的部分全部模式化，並當成例行公事，預先安排工作計畫，就會有多餘的精力被保留下來。將這些精力集中注入關鍵部分的做法，正是提升工作品質的祕訣。

特別是沒有經驗的新人、不擅長同時處理多項任務的人、不會收尾失誤很多的人，還有一忙起來就會手忙腳亂的人，都可以藉由模式化的工作計畫安排，維持自己的工作步調。只要這麼做，應該就可以發揮出100%的力量，獲得令人滿意的工作成果。

把創意相關的工作當成例行公事來做好像不太適合，有人可能抱持這樣的意見，但我卻認為剛好相反。正因為是創意相關的工作，才更需要增加例行公事的部分。

增加例行公事可以讓基本的工作，也就是所有工作共通的基礎部分順利進行；更進一步來說，就是能不動腦筋，自動完成。**隨著工作基礎品質的提升，工作整體的層次也會跟著大幅提升**，而且還有機會達成更高的目標，因為增加了可以多費工夫提升品質的餘裕。

只有達到專家境界的人，才能事先準備並精益求精。

完全沒有做過蛋包飯的生手，一般不會有餘力去追求隱藏的味道或是鬆軟的蛋包，因為初學者必須先學會蛋包飯的作法。

但對專業的廚師來說，做蛋包飯只是例行公事，說不定閉著眼睛都能做；也因為如此，才有餘力做出更美味的極品蛋包飯。

只要想著因為模式化「該做的事情都不會改變」，接下來發生的事情也會變得很容易可以預測。即使遇到什麼麻煩，也都能用「啊，出現了啊」的態度對應；就算是預料之外的狀況，自己也應該都有餘裕處理。

如果盡可能讓例行公事增加，就能省下更多的精力，工作的品質也一定會有所提升。

品質與速度和決定「模組」有關

我的公司 good design company 推出到市面上的設計數量，就比例來看是一般設計公司的三至四倍，我認為這是因為工作計畫做得很好的關係。

指導台灣 7-11 案子的時候，也是在確保品質的情況下，做出大量的設計。

能做到完全不外包，全都是公司自行製作，正是因為「模式化」的關係。

基本的版面編排由我來製作，先做好最初的格式，若能再進一步指定好文字編排的格式，之後就只需要更換文字或照片，即使交給資歷較淺的同仁也能順利進行。換言之，只要在最初的「模組」多投注一點心力，之後都是同樣的「模式」，工作自然會變得很輕鬆。

而這種「模式化」之所以能夠實現，正好證明了**設計也有「規則」和「正確解答」**。

舉例來說，行高設定「基本為文字的級數×一・六」，這是我自己訂下的規矩；另外提到「離邊界幾公釐」時，較多情況是八公釐或十二公釐。只要找出這類規則，效率就會逐漸提升。

在吉祥物的設計方面，先確定「怎樣的臉比較好」之後，就可以畫得比較快。在畫「熊本熊」的時候，則是依據「熊本驚奇」的概念製作，才能做出符合企劃目標的臉。

像我們這樣的創意工作，應該在假設「有答案」的前提下進行，若不這麼做的話，將會永遠無法結束。

即使用盡全力，若不能邊做邊找到自己的知識系統或規則，往往最後只是白費力氣。在沒有建立起自己的法則的情況下一直做下去，即使經過十年、二十年也不會成長。

利用減少選項來減輕壓力

為了讓每天的活動能夠「例行公事化」，我也特別採取了許多做法。首先是**決定「星期幾」為工作日。**

就像每週可以倒垃圾的垃圾日也是用「星期幾」決定那樣。因為有「星期一是可燃垃圾」、「星期二是不可燃垃圾」之類的規定，所以就不太會忘記倒垃圾。

工作也一樣，決定好星期幾該做什麼事，就能將這些事情變成例行公事，讓工作可以順利進行。

例如客戶的對應可以建立基本的規則，「星期一處理A公司的工作，星期三B公司、星期四C公司」。

或者若規定「團隊要每週開會」，可以建議「能不能固定在週二的十點？」總之，做法非常多。

我也有數個簽年約的客戶，因為每週跟這些客戶開會的日子都是固定的，所以時程表很清楚明瞭，工作計畫的安排也很順利。

即使是一個人工作，只要決定好在什麼時間或什麼地點該做什麼，同樣也能達到增加例行公事的效果。

每天固定在公司內辦公桌工作的人，就不用每次都得決定工作的時間和地點，雖然這只是小事，卻可以減輕工作壓力。

像我這樣自己開公司的人，或是自由工作者，基本上「何時」、「何地」、「做什麼」都很自由。這雖然看起來是好事，但事實上這種**「可選擇」的狀態卻可能對心理造成沉重的負擔**。

如果是每天在員工餐廳選「A定食」或「B定食」這種程度的選擇，並不需用運用意志力；但若變成要去哪裡吃什麼好的時候，很多人反而會「無法決定！」，所以道理是一樣的。

輪到鈴木一朗打擊的時候就像「例行公事」，史帝夫．賈伯斯只穿同樣的衣服，這同樣都是在減少選項。**透過例行公事化減少做決定的次數，可以讓自己把精力集中在真正重要的事。**

我也準備了好幾套同樣的T恤和牛仔褲，原因就是不想把精力浪費在每天早上「挑選衣服」。

選項減少，猶豫不決的次數也會減少。

因為這樣，像辦公室等工作環境也都應該做一些調整。

以我為例，**辦公室內書櫃上的書，都是依照「書背順序」排列**。一般可能會以「類別」分類，但這樣做在找分類曖昧的書目時，反而會花掉很多時間。單純用「書背的順序」排列其實更方便檢索，很容易就能想到「那本書大概會在這一帶吧……」。

此外，我的電腦桌面只有「進行中」和「完成」兩個資料夾。打開資料夾後，立刻又會出現以客戶名稱命名的資料夾。

很多人的電腦桌面常會有好幾十個資料夾排得滿滿的，但這樣做的話，當需要從中找出一個資料夾的時候就會產生壓力。

盡可能減少選項非常重要。

對我而言，要搜尋的資料夾大致區分為「進行中的項目」或「已完成的項目」，因此才會將這兩個選項先放在桌面。

時間或空間最好也能盡量簡化。

藉由例行公事盡可能減少選項和做決定的次數，將省下來的精力回饋到工作中，只要能做到這一點，應該就能在工作上取得較好的成果。

不要以「厲害的事」為目標

盡可能不將精力用在決策和選擇，從容不迫地工作。

雖然說會想把力氣投注在可以表現的地方，但與其把力氣放在可以表現的地方，還不如設法在其他地方盡量不花力氣；也因此，事先安排好即使不花力氣也能順利進行的機制非常重要。

這種說法可能和「例行公事」有點像，我經常跟同事說：「不要想著要做厲害的事。」

「讓我們來做厲害的事吧！」

新手設計和創意總監經常會犯這樣的錯誤。這種情況或許在任何業界都會發生，越是覺得工作很重要，就越拼命地使力。

「市面上從未有過的東西，我一定會把它做出來！」

「我一定會完成讓所有人驚嘆的專案！」

一旦野心勃勃地以這種「厲害的事」為目標，很容易就會認為工作計畫沒有價值。

可能會認為「工作計畫確實對單純的業務很有幫助，但就創意的工作來說，靈感和感覺對了才是最重要的！」

但是**以「厲害的事」為目標，卻很容易使力量分散**。

若受自身野心的影響，訂下錯誤的目標，像是「現在的市場上需要的是誰都沒有見過的新商品！」不但會忽略了細節，也不能正確掌握現狀；更可能一開始就用掉了所有的力氣，導致無法持續到最後，殊不知中間的執行過程才是最需要力氣的地方。

要舉例來說的話，就像充滿野心、一心想著「我要成為大人物！要當老闆！」卻沒有事業計畫和財務計畫的創業家一樣。

在這種情況下說出：「大家話不用多說，跟著我就對了！」應該沒有人會認同吧。投資人也不會投入資金，到最後應該是什麼都做不出來吧。

不要以「厲害的事」為目標，穩健地執行工作計畫吧。

用跟平常一樣的模式，確實規畫出可以讓工作徹底完成的計畫。**當做到可以像處理例行公事般依序完成的時候，就能從中產生餘裕，逐漸提升工作的品質。**就結果來看，如果因為這樣做出新的事物、厲害的事物和對所有人有幫助的事物，應該也很容易在市面上滲透普及。

「厲害的事」並不是目標，而是在達成目標後隨之而來的事物。

因此才需要可以達成的目標，以及為了達成目標所安排的工作計畫。

3

核心概念是專案計畫的「警察」

準備好容易理解的說法

接著就來說明具體的「工作計畫」內容。

在第一章中提到讓工作有明確的「目的地」非常重要，並解釋了決定目的地的方法。

這裡將接著說明「畫出前往目的地的地圖的方法」。如果沒有地圖就出發，很容易在途中迷路，或是意識到的時候已經走到了不同的地方。

在一開始就確實畫好地圖且跟著地圖走，這件事非常重要。

大多數的工作都無法一個人完成。

例如編輯的工作需要跟作者、印刷廠、設計、主編等各式各樣的人組成團隊一起進行。

團隊行動的時候，必須能共享「要做什麼」的資訊。有共同的目的地，朝著同樣的方向前進非常重要。

因為這樣，我們**必須決定專案計畫的「核心概念」**，並準備好可以和所有人共享且「容易理解的說法」。

如果有「目的地用一句話就能表達的說法」，即使途中迷路也能返回原點。

團隊中的成員每個人都有各自的立場。

負責經費的人會想要「盡可能降低成本」；負責管理進度的人會想要「盡可能遵守規定的期限」。在各種期待都蠢蠢欲動的情況下，如果讓任何人的某一種期待優先，就團隊工作來說，一定會產生不好的影響。

因此需要的是能夠超越團隊成員各別的期待，將所有人帶往同一個方向的核心概念。

如前面提到相鐵的案子，以「安全×安心×優雅」作為共享的核心概念。用簡單的話語代換就是：

「即使再怎麼強調風格，也必須要注意安全、安心。」
「再怎麼努力追求安全、安心，也不能忘了優雅。」

換句話說，必須在這樣的條件下，堅定地完成工作。
此外，**若能讓團隊全體都能說出「這個案子是○○」就更為理想了。**

而這樣的核心概念該怎麼決定呢？
相鐵的「安全×安心×優雅」是這樣決定的：
首先，「安全」是鐵路事業無論如何都不能缺少的字眼，安全的行駛當然是最基本的；除此之外，更進一步追求細部的安全，像是「導盲磚是否安全」也非常重要。

「安心」也是基礎的關鍵字，很難想像會有令人無法安心的鐵路。除了讓乘客可以安心地利用，還可以更進一步讓員工或經營者也都能做出令人安心的專案計畫。

那麼「優雅」又是從哪裡跑出來的呢？

若只強調安全和安心，不管是東急、京急、JR和小田急，只要鐵路公司當然都會這麼做，因此還需要找出「相鐵獨有」的特色。

相鐵是在橫濱行走的電車，橫濱這個城市有什麼魅力呢？明朗？異國風情？時尚感？經過多方面的考量，最後找到了「優雅」這個詞。

像這樣的**核心概念也可以說扮演著「警察」的角色**，主要負責監督和取締。

隨著工作的進行，開會的時候，不免會遇到地位較高的人或聲音比較大的人提出「這裡用紅色（或個人偏好的顏色）不是比較好嗎？」這一類的意見。

遇到這種情況，若有核心概念就可以說：「這個項目是以優雅為主題，覺得紅色比較好應該只是您個人的感覺吧？」

「核心概念已經定為『安全×安心×優雅』，會提出這個方案也是基於如此，所以判斷的基準不應該是喜不喜歡紅色，而應該是看起來是否優雅，是否令人感到安心和安全等等。」

不僅要「決定核心概念」，更重要的是，還要**「不斷地回到核心概念」**。因此我會不斷反覆詢問團隊成員：「這樣符合安全×安心×優雅嗎？」

找出會成為所有人的夢想的「核心概念」

不怕大家誤會，說老實話，相鐵原本的形象跟「優雅」完全沾不上邊。真要說起來，反而還帶點土氣。

所以也有人認為，把「優雅」當成核心概念「令人有點不好意思」、「感覺不太合適」。

但「目的」與「結果」不同。

目的和結果能夠一致當然最好不過，但目的和結果不同其實也沒什麼關係。不要去管「別人會怎想呢？」或「那樣不可能實現吧！」之類的想法，反而**應該把真正想做到的事情當成目的**。

若實際的狀況跟目的差距過大，「100％不可能實現」或許會令人想放棄，但即使可能性很低，絕對還是去挑戰一下比較好。

雖然大家都說「相鐵根本不優雅」，但只要以優雅為目標，不斷地說「想變成那樣」，並透過這樣做讓夢想實現不也很好嗎？

東京中城的核心概念為「想成為東京中心最令人感到舒適的場所」。這是文案企劃蛭田福穗先生寫出來的精彩文案。

我覺得「精彩」的點，是「想成為最令人感到舒適的場所」的這個部分，一般會平鋪直敘地說「是令人感到舒適的場所」，但這裡刻意強調「想成為」，才讓這個文案變得很成功。

每個人對「感覺舒適的場所」都有不同的想法：有人覺得「海邊很舒服」，也有人覺得「山上很舒服」，因此果斷地說「是令人感到舒適的場所」聽起來就像在說謊一樣。像我就會覺得「令人感到舒適的場所很難有統一的定義吧」，最後只好宣告放棄。

但如果換成「想成為令人感到舒適的場所」，對每個人來說都是很棒的事，因此提出這樣的專案目標比較能夠讓參與的人凝聚共識。

相鐵的情況也是如此，如果想要「變得比日本國內任何路線都更加豐富精彩」，就該抱著這樣的夢想。

企業也都應該要懷抱夢想。

小時候大家都有夢想，但變成大人之後，卻會因為不好意思慢慢就不提了，企業也是如此。

創業的時候大家可能都「只剩下夢想」，但不知從什麼時候開始，卻變得不再懷有夢想了；也因為這樣，才更應該要懷抱夢想。「結果」跟「夢想」變得有些不一樣也無所謂，如果不以夢想為目標，就絕對無法抵達，朝著夢想前進才是真正的「行動準則」。

市面上常會看到許多很酷的英文文案，令人忍不住思考：「如果聽到這句話員工該怎麼做比較好？」雖然說有時尚感很棒，但一時間卻會想不出「具體上想要怎麼做」。

而相鐵以「創造豐富精采的路線」為目標，其實非常清楚而明確。大家可能會開始討論：「豐富精彩是指什麼？」只要一想到會開始這樣的討論，就令人覺得非常興奮。

吸引人的核心概念通常很容易理解，且自然而然就能引導行動。

察覺「文字意義」的差異

決定核心概念的時候當然不用說，專案計畫進行的過程中，對「文字」變得敏感非常重要。如果「文字意義」因人而異，對專案也會產生許多誤解。

「想徹底翻轉現在的設計，但又不想做得過於時尚。」

在討論新產品的會議中，某個客戶曾經說出這樣的話。說不定那個人的心中有著「設計＝時尚」的定義，但以我來看，現有的設計本身就非常時尚。

「與其說『不要過於時尚』，不如說『不要變得更加時尚』才對。」

我一說完，對方立刻露出一臉茫然的樣子。

產生這種誤解的原因之一，來自對設計的誤解，認為「設計著重裝飾性，總是不斷地追加什麼」。但設計其實是「讓東西變得更好」，徹底排除裝飾也是一種設計。

而另一個原因是每個人對「時尚」這個詞的定義都不一樣。不只限於「時尚」，語言文字本來就不是絕對的，要有相同的理解其實非常困難。正因為如此，**當自己的心中出現一個詞彙或想法的時候，應該盡可能調整成可以說明的狀態。**

不管從事什麼職業，都必須理解對「言語的定義」因人而異，因此都需要努力填補分隔彼此的鴻溝。

4

首先以「學習」作為一切的開始

在工作計畫中「準備」占了九成

「資料收集」是決定工作的「目的地」，和決定專案計畫「核心概念」的前提，**若缺少「學習」，工作一定無法順利進行。**

寫《品味，從知識開始》這本書的時候，許多人都覺得「很吃驚」。「品味是天生的，是某一天會突然開竅的東西。」這樣想的人應該非常多吧。

然而**品味其實是知識的累積，是在思考最佳組合的過程中產生，而且可以不斷鍛鍊。**

工作計畫和品味很像，只要缺少知識就無法成立。

累積知識的準備越紮實，「工作計畫」的安排也會越順利，工作的精準度也會提高，所以說工作計畫中九成是準備也不為過。

- **安排工作計畫之前，要調查各種相關的知識**
- **從與工作計畫無關的日常生活中，不斷增加看似不相關的知識存量**

一旦養成這樣的習慣，就等於讓自己獲得了一筆可以長年使用的財富。

參與相鐵的品牌再造計畫時，我也是從調查相鐵的相關資料開始。重新調整自己擁有的舊知識，從「符合相鐵的樣子是指什麼呢？」開始，用新的知識取代。

相鐵的案子開始於二〇一四年。

也就是於一九一七年創立的相鐵，即將迎向一百年的時間點。

最初只有單純的印象「大正六年創立，很有歷史的鐵路……。」之後才又慢慢增加歷史相關知識。

據說是為了運送相模川砂石的電車，才會興建這條鐵路；另外「創造橫濱這個城市的電車」這一點則更令人印象深刻。

調查到可以寫成一本小手冊的程度

不管什麼工作，**吸收基本情報都是必要的。**

若老是覺得「這不是理所當然嗎？」很容易會產生疏漏。即使是新進的客戶，只要看過公司的網站，就能大致掌握該公司的歷史沿革，所以這種小動作絕對不能省略。

不僅是相鐵，我做任何工作都會進行許多調查，偶爾也會向專門機構諮詢，通常會做到調查的結果「雖然不足以編成一本書，但至少也是可以寫成小手冊的程度」。

舉例來說，如果要使用鳥類來製作商標，我會做到搜尋在大學任教的鳥類研究專家，詢問對方「可否給予建議？」並提出訪問的請求。

有人或許會覺得很麻煩，但只要試過一次，就會舉一反三，觸類旁通，不斷衍生出新的趣味，令人欲罷不能。

除了自己調查，**訪問各式各樣的人也是情報收集的必要過程**。在理解工作內容時，自己進行調查只是最基本的做法；客戶或顧客所擁有的相關知識，可能會比網路或書本內容更加豐富又深入，所以越跟他們討教，就會越有收穫。

讓純粹的好奇心變成一種武器

在收集情報的過程中，**「感到有興趣」**這件事很重要。對調查的對象感到有興趣的態度有無，會讓可以學到的知識量產生變化。

以相鐵來說，我從小就擁有「N軌」鐵道模型，原本就很喜歡電車，也對電車很感興趣，但對鐵路的認識還稱不上「鐵道迷」。

也就是「雖然知識不太夠，也不是鐵道迷，但卻很喜歡電車！」的程度。

不過只要有這種程度的興趣，就能踏出**「想知道更多」**、**「請告訴我」的第一步**。這樣一來對方也會很樂於分享，獲得的知識也會增加。

我的提問會從最基本的內容開始，然後慢慢深入。

並隨著對方的回答越來越感興趣，也會因為「這裡不太了解」，而又再提出問題，一旦對方針對這些問題提供答案之後，我又會學到新的知識。

有一次我和相鐵的人閒聊時，被問到喜歡哪一型的車輛，我回答：「守車吧。」立刻收到「喔喔！」的友好回應。

守車通常掛在貨物列車的尾部，剛好是我從小就很喜歡的，所以才會有這個答案。聽在專家的耳裡或許可能就像「雖然是外行人，應該聽不太懂我說的話，但出人意外地還有點料呢！」所以可能會想：「那我多講一點好了。」

也就是說，若要提出問題，「懂得太多或懂得太少都做不到」。

不管怎麼說，「讓人告訴你」這件事需要對方付出腦力，所以在請託時一定要懷抱著敬意。這樣做的好處是，懷著敬意提出的問題基本上不會失禮，對方通常也更願意回答。

成為「最強的訪問者」

可能有人認為：「因為是工作，讓客戶來告訴你未免過於失禮，且太麻煩對方了，應該全部自己調查才對。」但如果想掌握全貌，訪談絕對是必要的。

若在安排工作計畫的階段不聽取對方的意見，只靠自己調查收集資訊，之後一定會不斷出現「在重要步驟失敗」的失誤。

以相鐵來說，改變車體的顏色和內裝也是品牌再造的一環。

「車體的顏色？塗裝呢？」

「配合外觀座椅的包覆材料要怎麼處理？吊環的皮革怎麼做？」

像這樣，先將所有「需要做的事」抽出來加以排列組合，最後整個更新……雖然這是在安排工作計畫，但如果「需要做的事」漏掉了任何一項，有可能讓原本安排好的工作計畫變得沒有意義。

而我自己也差點就犯了這樣的錯誤。

所有電車的車頂都會接有「集電弓」。

以相鐵的情況來說，原本的車輛接的都是「菱形的類型」。

電車車頂連接的菱形金屬，就像小時候會用蠟筆畫的電車形狀，跟引擎一樣屬於「設計無法改動的固定部分」，我一直有這樣的誤解。

但是仔細詢問之後，才知道集電弓除了「菱形的類型」還有「單臂式」等其他種類。兩者相比的情況下，新設計其實比較適合單臂式。

我雖然想製作出適合未來的相鐵車輛，如果還保留菱形的集電弓，看在熟悉電車的人的眼裡，只會覺得「新的車輛跟舊的菱形集電弓完全不搭吧」。

我先入為主地想著「反正就是那樣」所以沒有問，而相鐵的負責窗口可能也覺得「這是基本的常識」不用特別說明，因此漏掉了這方面的知識。這種情況其實經常發生，每次都會讓人重新認識提問的重要性。

因為學到了新的知識，加入了「集電弓需要變更嗎？還是不用呢？」的工程，之後的工作計畫才沒有漏掉這個部分。

絕對不能「不懂裝懂」

不管是鐵路、食品、女性專用的腳踏車或ＩＣ卡，我多半都覺得很有趣，會想「多聽一些、多知道一些」，而且會很誠實地表現出來。

一邊提問一邊學習知識對我而言是「有趣又令人喜歡的事」，好奇心旺盛的人在學習知識這方面應該比較有利吧。

反過來說，**即使是沒有好奇心的人，只要試著做一些調查，也很容易會產生求知的慾望**。為何如此？那是因為越是調查，不知道的事情也會越來越多，自然而然就會想要加以確認。即使認為「自己不是好奇心旺盛的類型」的人，也會在不知不覺間慢慢長出「想知道」的枝葉。

另一個越來越懂得向別人提問的理由，可能是因為我不聰明。這並不是謙虛或鑽牛角尖，而是我真的認為「自己不聰明」，所以遇到不知道的事要立刻說出來。

不管在哪個產業，都常會遇到自說自話的情形。

這種時候如果是成熟的大人，可能會做出「好像知道又好像不知道的表情」，然後點頭帶過，之後再私底下查詢。雖然單就年齡來說我也算是「成熟的大人」，但直到現在仍有許多不知道且無法置之不理的事情。

「嗯……剛才的談話中提到〇〇是什麼意思呢？」

創意總監通常是由企業的高層指定，所以對現場工作人員來說，我是「老闆身邊的人」，因此多半會稱我為「老師」，但如果我把它當真，擺出一付老師的樣子，那就完蛋了。

不要裝模作樣、不要怕丟臉、不要不懂裝懂。

誠實地說「不知道」，在現場工作人員的面前表現出自己真實的樣子。

如果原本就是這樣的態度，其實非常幸運；如果不是這樣，可能想問的事情都沒有問，導致最後準備得不完全。

最終的目的不是為了「讓自己看起來很厲害」，而是「要把工作做得更好」。

如果不能堅持這個目的，工作計畫的安排也會進行得不順利。

茅乃舍的品牌再造也是從「知識」開始

工作計畫從「知識」開始。

茅乃舍的案子也是從採購的知識連接到品牌的例子。

提到「茅乃舍」就會想到無添加調味料的品牌，特別是「茅乃舍高湯」，對吃比較關心的人，多半都不會不知道吧？

負責製造和販售的是久原本家集團。

這是在明治二六年創業的傳統食品製造商，隨著「茅乃舍」的人氣逐漸高漲，產生了「想更慎重地思考今後的品牌」的想法，因此向我提出委託。

不過我卻覺得有點困擾，為什麼呢？問題就在於茅乃舍。茅乃舍一直使用的商標就品牌的走向來說並沒有問題，基本上沒有什麼我可以插手的部分。

但是在預測茅乃舍的未來時，考慮到之後也會持續成長，就會發覺與其維持過去模仿家的形狀的那種「可愛、親切」的LOGO，轉變成更為精緻且更能展現「高質感」的設計可能比較適合。

所以在那之後，**我便開始學習、想像並準備各種知識。**

福岡的「Restaurant茅乃舍」在二〇〇五年九月二日開幕，作為全國展店店鋪的旗艦店，建築物採用了茅葺屋頂。

「克服萬難開幕的當天晚上，在店鋪後方的山巒間竟然升起了滿月！」開會的時候，社長很高興地提起這件事，讓我留下深刻的印象，並且想到「對呀！還有山呢！」在那當下忽然覺得，這說不定可以成為新品牌的線索。

我立刻查閱地圖，發現「Restaurant茅乃舍」和集合所有品牌的店鋪「久原本家總本店」之間，有祭祀天照大神的神社。更進一步對天照大神進行調查後，又發現天照大神躲在岩洞可能代表日蝕的傳說。

開幕的夜晚升起滿月、祭祀天照大神的神社……。

從這些印象中所產生的，就是「茅乃舍受到月亮和太陽的守護」；於是我便從這裡製作出圓形的簡單標誌。順帶一提，圓形標誌線條的微妙粗細變化，是因為像日蝕那樣，代表太陽與月亮同時存在的意思。

茅乃舍將會在美國的市場推出，未來也預計在世界各國推出，因此也才用代表地球形象的「圓形」。另外，這個圓也代表著「圓相」。所謂「圓相」，是只用一筆畫出圓的禪畫，據說雜念越少的人，畫出來的圓也會越漂亮，這也和久原本家代代相傳「不受外界影響、堅守本質」的信念相通。

圓形的下方稍微加粗的線條，則是用來表現出久原本家的根本——醬油的一滴。

在定期的會議中，我忽然提出這個標誌讓大家很驚訝，但社長當場就接受了。

如果只是單純考慮要「更時尚」、「更有型」的話，應該就不會想出這樣的標誌。因為這是**聽過各種角度的意見，吸收了各種情報之後，才能導出的答案。**

將大致的印象「倒角」加工後再做決定

學習知識雖然很重要，但如果看得太仔細，過度執著細節，反而會看不清楚整體的面貌，就像俗話說的「見樹不見林」。

此外，過於執著細節也可能有偏離目的的危險。

因此我會採取的做法是「倒角」。

所謂「倒角」是削去木材等物品的稜角，做菜時偶爾也會這麼做。

但我這裡說的倒角，則是指將稜角大膽削去的作業，有點像雕刻時雕粗胚的動作。舉例來說，如果要雕出呈現「立正站好」姿勢的人體，會先大膽地削掉方形木材的稜角，先雕成接近細長橢圓形的樣子，再慢慢雕出細節；當然如果是雙手展開的人體，就會先雕出接近倒三角錐體的形狀。

像這樣**先將多餘的部分大致切除，掌握全體樣貌之後，再慢慢鑽研細節。**

以相鐵的例子來說，大概是以下的情形：

- **相鐵是　○強而有力　×輕巧**
- **相鐵是　○樸素又沉穩　×誇張又醒目**
- **相鐵是　○陰暗且安靜　×明亮又熱鬧**

大膽削掉稜角之後，就成了「強而有力、沉穩、安靜」的形狀。

此外還有創業一百年的傳統、從相模川搬運砂石到橫濱港、對橫濱的建造貢獻良多等歷史；還有地方居民的代步工具、通行到內陸地區等等。根據這些知識，最後再決定出形狀。

若以雕刻來比喻，就像是手抬起來瞪著前方，或是利用四隻腳行走。類似看到幾個大的地方，「就能大致掌握」的感覺。

幾個大的地方其實就是本質，也就是可以代表該項計畫或製品的主要部分。**若能以吸收的知識為基礎，進行「倒角」加工後掌握事物的本質，就能大致決定方向性與核心概念。**

在這之後，再進行更細部的「倒角」，將各別部分拆解成任務，變成執行的工作計畫。

正因為如此，利用「倒角」大致掌握輪廓的工作必須做得非常確實才行。

決定好「不需要做的事」

決定好「不做什麼」，跟決定「要做些什麼」同樣重要。

當目標訂得越高，也越容易變成「為了達成目標，這也要做，那也要做」。但這樣一來，有多少時間都不夠用，且任務過多還會讓工作計畫無法發揮功能。

安排工作計畫時，若將「做了之後對達成目的沒有幫助的事」也包含在內，會因白費許多力氣而導致效率低落，工作成果無法提升。

相鐵當初也曾提出配合品牌再造「想製作廣告」的要求，希望針對住在相鐵沿線以外的人，也就是將來可能會住的「未來的目標對象」，透過廣告來加強印象。但廣告的花費很高，有可能成為計畫的主軸之一。

但我反對這麼做，因為即便是用自己的經驗來想，看到廣告並不會產生想住在相鐵沿線的感覺。於是我直接詢問負責人，大家的意見也都是「確實不會想要移住」。

相鐵沿線的價值，如果不能在當地體驗就不會知道。實際搭乘之後，才會第一次感受到「啊！住這一帶或許也可以吧？」反過來說，這種想法如果不搭乘就不會產生。

如果是有名的觀光地區或人群聚集的市中心，即使不做什麼大家也會過來，所以立刻就能體驗住在沿線的感覺，產生「這一帶很不錯，真想住住看」這種想法的機會也會增加。

但是相鐵沿線有名的點，不算橫濱（車站）的話，就只剩下名為Zoorasia的動物園，另外還有二俣川汽車駕照中心之類的地方。會吸引住在沿線以外的人前來的內容只有兩項，這樣看來會讓人覺得想住在沿線其實非常困難。

經過各種考量得出的結果，就是舉辦像「橫濱自然週」這樣的活動。在相鐵沿線，有一座很棒的「兒童自然公園」。公園內充滿綠意，有鍬形蟲、螢火蟲和翠鳥棲息，還有可以接觸動物的迷你動物園，甚至不用帶東西就能烤肉。很可惜是，除了住在附近的人，很少有人知道。

若可以打出「相鐵是連結都市與自然的鐵路」，可能會對「未來的目標對象」，那些考慮搬過來的年輕夫婦，或剛生小孩的家庭產生影響。

相鐵從以前就會將這樣的目標對象，冠上「快樂家庭層」這種他們自己發明的名稱，我覺得這是很棒的說法，所以要創造出一大支柱：「利用活動吸引快樂家庭層，以形成沿線的價值」。

如果目的地很清楚，「不需要做也沒關係的事情」同樣也會變得很清楚。

以這層意義來說，計畫開始之後不久的會議就非常重要。

「鐵路將進行品牌再造。需要打廣告、翻新車輛……。」

大概的情況應該都會像這樣先提出大綱，如果直接就開始安排準備計畫其實相當危險。

「是，要做廣告吧。如果新車輛在二〇一七年開始運行，往回推算可以在〇個月之前做車廂內的吊掛廣告，車站內張貼的海報應該也可以製作；另外，報紙的廣告在〇月推出就可以了。如果要安排工作計畫，首先……。」

「是，要翻新車輛吧。我認為深藍色很不錯，先做出預算，請業者排出塗裝的時間表，然後安排工作計畫……。」

這種情況乍看之下好像是進行得很順利的會議，工作計畫似乎也會確實地進行，但是中間卻缺少了知識的運用和想像力的運作，完全無法預測之後的發展，也完全漏掉了目的的確認和全貌的掌握。

「做這項工作是為了什麼？」

「目的呢？期望呢？這樣的工作可以為世界帶來什麼樣的改變呢？」

在初期階段一定要誠實地確認這些「看起來有點天真的事情」，認真地做準備。如果不這麼做，工作計畫的安排最後就會變成只是在建立日程計畫表。

決定了目的地，然後為了畫出前往目的地的地圖，收集資料、決定核心概念，接著從第三章開始，將思考要用什麼方式抵達目的地。

CHAPTER 3

利用最短的距離前往目的地——談時間與效率

1

時間是凌駕一切的「王者」

「時間」是附在所有工作上的尺規

為什麼「任何工作」都需要「工作計畫」呢？

那是因為有「時間」這個限制的關係。

所有的專案都一定會有「到什麼時候為止」的結案期限。為何會有結案期限？當然是因為時間有限的關係。一個月就是三十天左右，不管怎麼努力都不會變成四十天，每個人的一天都只有二十四小時。

更何況我們的生命都是有限的；**而也正因為生命有限，任何計畫才都需要有結案期限。**

世界上並不存在不受時間制約的事物，我們都是受時間支配的存在。

因此不管做任何工作，都要像製作影像或音樂作品那樣，必須經常考量「應該要在多久的時間之內完成」。

機械領域有所謂的「治具」。

舉例來說，為了讓機械能正確地進行「以三公分為間隔鑽洞」的作業，就需要附上可以測量長度的「治具」，引導鑽孔機鑽在剛好間隔三公分的地方。藉由這樣的治具，可以讓機械節省時間提升生產效能。

對比機器方面的治具與物理的「長度」有關，工作方面的治具則和「時間」有關。

任何工作都需要「時間」這個治具，才能在生產效能良好的情況下進行。**不知為何一直無法完成的工作、容易讓人想要拖拖拉拉的工作……都是因為缺少了「時間」這個治具才會如此。**所有的工作之所以能順利進行，都是因為有時間的限制。

「遵守時間規定」比「想做出好東西」更重要

人們對創意相關的工作總是有些誤解。

「比起依照時程表進行，做出好東西比較重要！」

「創意的工作沒有辦法依時間進行。」

這一類的解釋，不管是創意總監本人或在周圍的人之間都很普遍。

在創意相關行業中，這種傾向特別強烈也說不定，無法遵守結案期限、不擅長做準備工作的人，在心中的某個角落總會不時出現「做出好東西是自己的工作」的錯誤想法。

一味想著為了做出好東西，多花時間也是沒辦法的事。

或自以為是地想著：「因為我能做出很棒的東西，所以再等等吧。」

訝。

許多優秀的新人都有這樣的誤解，我總是對擁有這種思路本身感到非常驚

明明從客人那裡收了錢，約好了「會在這一天完成」，卻認為「以做出好東西為優先就能違反約定」，有這種想法真的很不可思議。

「結案期限ｖ做出好東西」

我認為這是絕對不能違背的規則，時間是世界上最強大的制約。

能征服日程計畫表就能征服工作

對於不擅長遵守結案期限的年輕員工，我會跟他們說：

「要以羅納度為目標啊！」

克里斯蒂亞諾．羅納度是大家都知道的超級明星，同時兼具足球技術與外表

兩大強項。

這就好比工作的品質跟時程表，我們應該都要做到兩者兼具。**不是要將「提高品質」還是「遵守時間」放在天平的兩端，而是兩者都很重要，**至少我會這麼說。

剛從師父的公司辭職獨立開業的時候，我還默默無名，連事務所都沒有。但只要一想到給當時那傢伙工作的客戶，理所當然要做出好設計的同時，「絕對會遵守約定」這件事就成了我戒不掉的習慣，所以我一直以來都嚴格遵守結案期限。

一直遵守結案期限就代表重視與他人的約定。

我認為這是我可以慢慢累積起微薄信用的主要原因。也因為這樣，才會有湯野濱溫泉「龜屋」、中川政七商店等十年、十五年長期合作的客戶。

「能征服日程計畫表就能征服工作」是我的口頭禪。

自己的心情或身體狀況的起伏、公司內部的各種角力……有各式各樣的原因會讓人無法遵守時間規定，我也知道要無視這些因素非常困難。

但即便如此，若想讓工作能順利進行，除了「自己」最優先的情況以外，需要做的不是「客戶」或「主管」優先，而是要以「時間」為最優先。

雖然說做出「高品質的工作」是理所當然，但也會有不管怎麼努力都無法做到的時候；而確實遵守結案期限這方面，雖然有自然災害等不可抗力的因素，但只要透過工作計畫的「努力」，99％都可以達成。

比起工作的品質，更應該以結案期限為優先。乍看之下這句話可能會令人誤解，但至少要意識到這件事真的非常重要。

「為了做出好東西缺乏效率也沒辦法」、「要做出好東西就得花很多時間」等都是偏見，因為**「能迅速做出好東西才是最正確的」**。

高效率完成好工作並非不可能，應該以之為目標。

2

「結案期限就是結束」

不是「完成之後再提出」，而是「到了結案期限就提出」

平面設計師仲條正義先生曾告訴我一句對我來說很重要的話。

那就是**「結案期限就是結束」**。

「不是完成之後再提出，而是到了結案期限就應該提出」。

或許所謂的藝術家沒有結案期限，但基本上只要在社會中生存，一定會遇到結案期限……。

我認為這句話帶有這樣的意涵，真不愧是令人敬佩的大前輩。

SHISEIDO PARLOUR、可果美、PARCO……即使是不斷做出象徵一個時代的設計的仲條先生，也是以結案期限作為工作的基礎，我當然也該效法他。

我這種怕麻煩的人其實很喜歡拖延。

喜歡看電視、喜歡跟小孩子玩，還喜歡發呆做白日夢，基本上接近「如果沒有結案期限，我可能就不想工作了。」

「不想工作」的說法可能有些極端，但如果沒有結案期限，很容易就成為沒有急迫性的工作，這種情況下做出來的東西，幾乎不太可能是高品質的工作。

如果結案期限就是結束，「拼命努力了但還是做不到」的藉口就不能用了。

舉例來說，主管要求你：「三月中提出三個新商品的企劃案。」就不可能到了三月三十一日還說「做不出來」。

三月三十一日的時間點做出來的企劃——即使像小孩子的筆記，只寫了「雖然還不太清楚，但總之是一定會大賣的商品！」也是自己工作的「完成型態」，是可以任他人評斷自己實力的「全部」。

「如果有時間就可以做出更好的東西。」這種藉口是行不通的。

雖然很嚴厲，但我認為「在時間之內完成也是實力的一部分」，而這種嚴格的要求是有必要的。

先訂出結案期限，若沒有就先「暫定」

good design company會定期召開內部會議，讓各個團隊的設計師和製作人可以共用工作時程表。

因為每個團隊都會承接各種專案計畫，所以就公司來說可以藉此了解「是否有遵守結案期限」，或掌握全體的工作計畫。

我們公司的製作人，也是身為我的妻子的水野由紀子，擅長運用工作計畫的程度簡直可以稱為達人，但這個會議卻讓她感到不知如何是好，因為當問起結案期限時，總會有設計師回答：「不知道。」

「客戶並沒有說什麼時候要提出設計草案，因此雖然有做準備，但是……。」

換言之，不知道結案期限是因為客戶沒有說明，但這樣是不對的。

舉例來說，如果是製作舞台劇節目手冊的工作。因為是演出當天使用的印刷物，所以一定要準時完成，只要知道演出的日期，就算客戶沒有說明詳細的結案期限，自己應該也都能反推出來。

並且應該做得到這樣的預測：「如果在○月○日前不能提供完稿就會來不及印刷，所以在○月○日之前必須讓客戶確認設計的定稿。也因此○月○日之前必須要完成設計初稿。」

雖然寫的是自己周圍的事情，但這種情況其實很常見，不是嗎？

如果對方沒有明說，就養成習慣由自己提出：「結案期限設為○月○日可以嗎？」再與對方討論。

因為這並不是自己可以任意決定的事情，對方說不定會回答：「不太行，希望可以再早一點。」如果要早一點進行，提早知道當然會比較好。

有時會遇到因為是主管交付的案件，所以「無法一項一項討論結案日期」。如果是這種情形，就自己一個人先訂出結案期限，即使是「暫定」也沒關係。

結案日期是不管對方有沒有說明都「存在」的東西。

也因此，在「不知道結案期限」的狀態下，安排工作計畫必定會困難重重。

避免「盡早」、「今天之內」這類危險的說法

因為沒有訂出結案期限所以慢慢進行，當有人問起：「那個資料，應該整理好了吧？」立刻就陷入一陣兵荒馬亂……這應該是所謂「對、對，我也會這樣的狀況」吧。

即使決定了結案期限，**如果是「不明確的結案期限」，其實就等同於沒有決定。**

「拜託你盡快！」

「如果今天之內可以完成就太感謝了！」

「本週之內完成可以嗎？」

如果問客戶：「這個什麼時候要做好呢？」經常會得到這樣的回答。因為「盡早」並沒有一定的基準，所以反而會變成延後多久都沒關係。如果是高第的話，可能會說：「盡早嗎，那聖家堂大概還要五十年才會完工吧。」因為人的不同，「盡早」有可能是下個月或明年，基本上是非常危險的用語。

對於時間這種可數可測量的東西，絕對不可以使用「沒有測量基準的用語」。

「盡可能早一點嗎，那明天可以嗎？下週二下午一點之前可以給我一些時間就太感謝了，不知道可不可以呢？」

大概需要具體確認到這種程度。

另外也常聽別人這麼說，「今天之內」這個說法的意思，在不同業界、不同公司的不同人身上也都是不一樣的。我總是會要求我的員工**「哪一天的哪個時間都要確定下來才行」**。

今天之內是指二十三點五十九分之前嗎？會不會是對方今天下班之前呢？如果是二十三點五十九分之前的情況，明天一大早也可以嗎？明天一早又是幾點幾分之前呢？

「盡早」、「今天之內」、「盡快」、「這個月之內」……。

要養成習慣，不要使用這類感覺的語彙，而使用大家共通的「時間」單位，結案期限的確認務必使用「日期和時間」。

也要設定心中的結案期限才會「剛好來得及」

跟對方訂下的結案期限可以說是「正式的結案期限」，當這個時間確認好之後，還要決定自己心中的「浮動結案期限」。

「八月八日下午一點之前交件。」

舉例來說，如果跟客戶做好這樣的約定，那麼理想的「浮動結案期限」就是一週前的八月一日，或至少要是八月三日。

這種設定並不是「提前」而是「剛好來得得及」。

為何如此？因為可能會需要修改，可能會發現錯誤，可能在配送過程中出問題，也可能身體出狀況或是有災害發生……。

即使需要應付這些狀況，也**絕對要趕上「正式的結案期限」，才會定下設有緩衝的「浮動結案期限」**。

反過來說，正是因為有浮動的結案期限，才能嚴守正式的結案期限。

不過雖然說是「希望不管發生什麼事都能應付」，如果浮動結案期限太過提前也一樣會出問題。例如把浮動的結案期限訂在一個月之前，最後反而會有趕不上正式結案期限的危險；自己心中的結案期限設定得太早反而會造成反效果。

這跟設鬧鐘的道理是一樣的。

「雖然想要七點起床，但因為有可能睡過頭所以設六點吧！」這麼做的話，到了六點鬧鐘響的時候，反而會覺得「不對、不對，還有一小時沒關係……」然後回去繼續睡，結果就睡過頭了……。這也是所謂「對、對，我也會這樣的狀況」，結案期限也是一樣的。

不要欺騙自己，也不要太過從容。像這樣有點嚴格的設定反而可以避免趕不上結案期限的情形。

3

先準備好可以裝入工作的「時間盒」

即使是長期計畫也要當成在「泡速食炒麵」

就算是不擅長安排工作計畫的人，在日常生活中也會很巧妙地運用「工作計畫」。

例如，泡速食炒麵的時候。

打開外包裝，加入脫水的配料，倒入熱水等待三分鐘再將熱水倒掉，然後立刻加入醬料攪拌均勻。雖然只是短短幾分鐘的流程，卻很徹底地完成所謂「依照時間做該做的事」。

「加入適量的熱水，想到的時候再把水倒掉。」會這麼做的人應該是少數吧。

如果是比較講究的人，說不定會建立更仔細的工作計畫，例如：「熱水倒進去之後○分○秒要倒掉，然後蓋上蓋子悶蒸○秒，再加入醬料享用。」

換句話說，**我們都能在時間較短的情況下，確實運用工作計畫。**

請回想外出想上廁所又返回家裡的情況。從進到大樓的門廳就握著口袋中的鑰匙，「先按下電梯的關門鈕，再按樓層。雖然電梯門開了之後立刻就能從口袋中掏出鑰匙開門，但因為脫鞋子要花一點時間，所以在電梯中就先鬆開鞋帶，希望能節省一些時間。」這也是一種很成功的工作計畫安排。

遇到緊急狀況時，我們都會安排工作計畫。

如果是消防員、警察或以護士為首的醫療相關人員等專業人士，應該都會遵照決定好的工作計畫，確實執行在短時間之內該做的事。

另一方面，當專案的時間越長，時間的感覺就會變得越緩慢，工作計畫的安排也很容易就不了了之，因為被時間壓迫的恐懼感已經麻痺了。

不論是三年的專案或三分鐘的速食炒麵，安排工作計畫的方式都是一樣的。這種心理的準備有其必要，三年或許可以粗略地視為一個整體，將它分隔成三個一年，每個一年又可以分割成十二個月，每個月又可以分割成三十天，扣掉星期六日就是二十二天……這樣分割應該就會察覺到那種覺得「還有好久呢」，然後不知不覺變得散漫的狀況吧。

將工作放入「時間盒」

認識到時間的重要性，清楚理解結案期限後，終於可以開始介紹工作計畫的組合方式。

不管什麼工作，我都會先想像出「時間盒」。

從「三天」、「一週」、「一年」等各種尺寸的時間盒中，選出看起來比較適合的，再裝入「只要做這個跟這個還有這個就可以完成」的工作任務。

像相鐵的專案那種有很多任務的工作，不但一下子就會產生一堆時間盒，而且該做的事還會多到滿出來。在相鐵的「一百年計畫」中，可以參與的工作不但規模很大且數量又很多，因此我會先準備好「大箱子」。

我自己參與的工作或專案如果有A或B兩項，那麼應該也會有適合個別項目的時間盒尺寸。

如果認為「專案A需要一週左右」，就選擇差不多大小的時間盒，反推出浮動的結案日期，在一週之前就要開始進行。

如果認為「專案B需要一個月」，就選擇同樣是一個月的時間盒，但如果A和B有重疊的話，或許就會變成：「不對，選擇一個半月的時間盒應該比較適合。」

「在這個專案中該做的事有哪些？大約有多少工作量？」

做出這種預測的能力有其必要，也就是第二章提到的，想像完成的狀態或準備做得越充分，預測的能力就會越準確。

「預測了該做的事之後，適合這些事情的時間盒又是什麼尺寸呢？」決定這件事靠得是安排工作日程的能力，也可以說是預估時間的能力。

要剛好塞入決定好的空間，基本上還是需要技術。

舉例來說，將隨意做出的配菜放入便當盒時，可能會出現很多空隙，也可能沒有辦法全部放進去。但是像「幼稚園小朋友的便當」、「自己的便當」等根據目的決定什麼菜要做多少量，**選出大小適中的便當盒之後再裝入配菜的話，一定可以做出符合目的的便當，配菜也不會剩下。**

那麼，工作時程表該怎麼安排呢？時間要怎麼估算呢？工作的優先順序要怎麼安排呢？關於這些都將在後面說明。

決定放入哪一個「時間盒」

4

不要去想「痛苦的工作或快樂的工作」

衡量工作的唯一標準是「時間」而非「心情」

時間盒內裝滿了「該做的事情」的時候，樣子應該很像俄羅斯方塊。俄羅斯方塊就像大家都知道的那樣，是由各種正方形組合出的圖形嵌合堆疊，消除行列的遊戲。

俄羅斯方塊所使用的骨牌有好幾種形狀，都是由正方形以不同排列方式組合而成；而「該做的事情」的骨牌同樣也有各種形狀。

如「修改給客戶的提案報告」、「與主管討論專案的內容」或「經費估算」等等。只要想到該做的事情的內容，就會覺得一定比俄羅斯方塊還要複雜。有時會出現圓形或三角形，甚至還有球體或其他不明物體的形狀。

因此也會覺得要剛好裝入時間盒中是不可能的，此外還會冒出各種想法，像是「重要的事情先做」、「快要結案的事情先做」等等。

這裡我想推薦一種建立工作計畫的訣竅，就是所有的工作都以「時間」來衡量。

換句話說，**不是考慮「輕鬆的工作或困難的工作」，而是以估算「短時間可以完成的工作」或是「需要長時間進行的工作」，作為衡量該做的事的基準**。這樣做的話，雖然乍看之下會覺得形狀不一樣，但其實每個形狀都和由正方形組合的俄羅斯方塊骨牌一樣，所有的工作都可以視為同樣的工作。

關鍵在於，不要理所當然地用「重要性」或「心理覺得輕鬆或困難」來衡量工作。若以「十分鐘可以做完的麻煩工作」或「雖然要花一小時但很輕鬆的工作」這種方式來考慮，對工作進行的估算一定會錯誤百出。

如果將三十分鐘視為一格的骨牌，「短時間可以完成的工作」就等於一格的骨牌，「需要花很多時間的工作」或許就等於六格的骨牌，所有的工作都可以用骨牌的格數測量，可以很剛好地裝入時間盒中。

在一天的時間盒當中，可能有「下午一點到三點開會」等已經先裝進來的部分，這樣的話，要添加骨牌就放在還空著的上午或三點以後。

當然也會有各種工作骨牌把盒子整個塞滿的情況；或是「估算了一下浮動結案期限在下週的工作，還缺少一個三十分鐘的骨牌」，然後像這樣不斷地增加堆疊。

不管怎麼說，**重點都在於要先試著用時間對工作進行機械性的測量。**

像「打麻將」那樣地機械性思考

將以時間衡量的工作裝入時間盒的時候，雖然說先後順序也要考慮，但我將這樣的情況視覺化。

把各種工作想像成像麻將牌，全部整齊地排在一起。

自己工作的牌雖然會依優先性高低的順序排列，但客戶或員工手中也有各種工作的牌，也會丟出「這個拜託你」等其他工作的牌。遇到這種情況，就不得不處理掉手上的一張牌，把空間空出來，再根據優先順序把新的牌插入適合的位置。

雖然「工作牌的優先順序」不等於「重要性」，這裡指的同樣也是「不快點做完不行的順序」。就不以工作內容而以時間來衡量這一點來說，「俄羅斯方塊」和「麻將」的型態都是一樣的。

若要決定新的牌要放在哪裡，就必須正確掌握各項工作的優先順序。「這個很急，請優先處理！」雖然這種員工或客戶忽然想插入一張牌的情況很常見，但要將牌插在哪個位置還是得依靠自己的判斷。

完整地檢視自己的牌，遇到「雖然對方說非常急，但手上這項工作也很急」的時候，或許也可以將這個訊息告訴對方。反過來說，也會出現對手上握有許多急件牌的員工說「這個很急麻煩你」不太適合的情況。

換句話說，不僅要能掌握自己的牌，**對員工、客戶或團隊成員手上的牌也都需要有一定程度的了解。**

打麻將時對手當然不會讓你看牌，但工作的時候，不管是員工或團隊的牌都可以讓你看。

最好做到在同一個團隊中，都能互相知道誰握有怎樣的牌，怎樣排列。

5

為了讓工作時間表沒有漏洞

不要訂出「太過自我中心」的工作時程表

「我已經認真訂出工作時程表，但前輩或主管總會吩咐我做很多事情，做那些事情的時候整個預定就會亂掉，今天也已經比我預定的晚一個小時了……。」

這是新人員工常會有的，跟工作時程表有關的煩惱。

解決的方式其實非常簡單，只要確認原本的時程表會不會「太過自我中心」就好了。

被交代事情、臨時被叫走或發現錯誤等，都是不得不立刻處理的事情……。

將「該做的事」的骨牌塞入時間盒的時候，要注意不能塞得太滿，就跟訂浮動結案期限一樣，要留有適當的緩衝。

舉例來說，「該做的事」需要花費的時間如果剛好是一個小時，最好加上可能被打擾的緩衝，使用一小時三十分鐘的骨牌。

安排移動的時間也是如此。即使搜尋 Google 地圖得到的資訊是「三十三分鐘到達」，為了以防萬一還是該留下緩衝，設定為四十五分鐘。

安排工作時程的時候這些都是理所當然的事，若沒有留下緩衝全部都以自己的狀況為準，就只會做出「太過自我中心的時程表」，最好還是要預留出時間的彈性。

判斷會出現多少干擾或者會需要多少緩衝，對工作計畫來說是很重要的一部分，同時也是需要發揮預測能力的部分。

干擾或中斷並非都來自外部的因素。

也有缺乏工作動力、感冒或天氣不好就頭痛等會擾亂工作步調的情形。**因此也要了解自己內在的「麻煩根源」，用來預測該做的事需要花多少時間。**

此外，如果可以的話，對周圍的人最好也採取同樣的做法。

後輩有可能因為跟男朋友吵架沒心情工作、客戶有可能因為小孩的開學典禮請假……。要盡可能地想像、預測；反之，如果是完全無法預測的情況，就更需要先準備好大容量的時間盒。

工作時程表以三個小時為單位進行調整

- 學會了新的知識，並透過想像做出各種預測……一切都已經準備就緒
- 「結案期限」和加入緩衝的「浮動結案期限」都已經設定好
- 工作都以需要的時間為基礎轉化為「該做的事」的骨牌
- 大容量的「時間盒」中已經裝入「該做的事」的骨牌

這樣一來，工作計畫中「工作時程表的部分」就完成了，但是這並不等於工

作計畫的完成。

有人可能認為：「建立好工作計畫後，之後只要依計畫進行就好了。」但我卻認為，這正是工作計畫無法順利進行的主要原因。

工作計畫經常會產生變化，因此我會跟員工說：「工作計畫最好三小時左右就要重新確認調整，或者最好也養成習慣，在工作告一段落的時候調整工作計畫，最少要一天三次，早中晚都該重新確認。」

工作計畫主要運用的是預測能力，但完美的預測能力並不存在。可能會有想得過於天真的部分，也一定會有不確定的因素。

假使在安排工作計畫的當下能完美地掌握「該做的事」，在那之後若還有其他「該做的事」插進來，就必須整個重新調整並預先掌握才行。

此外，也會有一開始無法確定的行程。最年輕的員工在安排工作計畫的時候，沒有辦法確定「什麼時候要拍照？」，因為要委託哪一位攝影師取決於攝影師本身的行程。如果硬是把沒有辦法確定的事情排入，反而產生了不良的影響。應該先以「安排好候補的攝影師」之類自己做得到的事為前提，等實際的攝影師確認好之後再重新調整，這才是所謂的工作計畫安排。

在我的公司，幾乎每個早上公司內部的製作人和設計師都會開會討論工作時程表，所以至少在那之後三個小時，會知道彼此的工作進度。

藉由這樣頻繁地分享，設計師就不會有不清楚的地方，製作人也可以及時提供協助。

運用 LINE 或 Slack 等工具也都可以頻繁地分享。

最好在工作計畫尚未完成的情況下，不斷「重新調整」，也就是要不斷地更新。我認為正是因為做到這一點，才有可能遵守期限做出高品質的工作。

製作「工作計畫表」

具體來說，工作時程表或者說工作計畫表該怎麼做呢？下面將依序說明。

①將「該做的事」的清單全部排出來

首先要將「該做的事」逐項寫下來。不論是「會報」這樣的大事，或「預約會議室」這樣的小事，只要是為了達成目的該做的事就全都寫下來。

②確認結案期限和浮動的結案期限

舉例來說，從「新車輛的公開日」往回推，什麼事情要在什麼時候完成才能趕上新車輛的公開呢？自己就可以訂出好幾個「結案期限」，像是「座位的設計要在○月○日前確定」、「車輛的顏色要在○月○日前確定」等等。

當然啦，客戶委託的「○月○日前請提出草案」這類結案期限也要包含在內。

③針對「該做的事」的清單設定需要的時間

先用大概的基準估算需要多少時間。這時候的重點在於，不要去管重要性、難易度、做起來輕鬆或麻煩等，全都都以時間來衡量。

④將「該做的事」的清單裝入時間盒中

結合結案期限、浮動結案期限和所需的時間，半機械性地將「該做的事」填入，到這裡工作計畫表就算完成了。

有些人可能已經發現了也說不定，並不需要將「該做的事」一項一項地排入工作計畫。

例如，以我們的工作來說，不論是產品的設計、鐵路的品牌設計或包裝的設計，幾乎都離不開拍照這項「該做的事」；換言之，這就是所謂的「例行公事」。

確認攝影師的行程↓準備好被拍攝的對象↓決定攝影的場地↓取得使用的許可↓確認當天的氣象↓安排移動的車輛↓預定當天的便當……

像這樣，拍照時該做的事一直都一樣，所以不用每次都重新來過。只要先做出工作計畫表，之後就不需要一項一項安排計畫，而且遺漏或錯誤也都會減少。當失敗變少了，工作的精準度自然也會提升。

此外「結案期限」與「浮動結案期限」應該也都設有緩衝。

舉例來說，如果跟總是在月底開會的客戶一起工作，在第三週結束之前提出設計草案這件事就可以試著模式化。

根據對象的不同，結案期限也可以進行不同形式的模式化。

「以A公司來說，即使負責窗口說：『這個提案OK。』在結案之前也可能被通知：『因為部長的指示，所以要整個修改……。』」如果是這種情況，比較好的工作計畫安排應該是：「在結案期限的十天之前完成，留下三天的時間，請負責窗口請示部長的意見，包含變更的作業，在之後的七天之內完成。」雖然很瑣碎，但這都是可以模式化的部分。

為了提升工作的精準度，務必要製作工作計畫表，因為「征服工作時程表的人才能征服工作」。

不過話說回來，工作計畫表與其說像「工作時程表」，不如說更像**「任務表」**。「該做的事」都會加上日期，但又不像「工作時程表」那麼講究。

工作計畫表並不是絕對的，在執行的過程中會不斷產生變化。

即便是相鐵，也會因為臨時想到：「車站要改變的話，放在那邊的自動販賣機沒有一起調整配色就沒有意義。」就在過程中將這件事加進來。將這種柔軟度和固定的例行公事結合在一起，應該就能依照結案期限完成高品質的工作。

CHAPTER 4

建立工作計畫是爲了在大腦內「創造空白」

1

工作計畫很重要的真正理由

將想法全部拋出腦外

第三章主要介紹時間的重要性以及工作時程表。了解了專案計畫整體的工作時程表之後，接著要來看看所謂該做的事。

這裡就來談談「一天之內該做的事要怎麼管理」。**盡可能不要有壓力，卻可以讓工作快速進行的祕訣，就是「不要把想法放在自己的腦中」**。

將「正在做的事」或「想到的事情」全部拋出腦外。在腦中胡思亂想，覺得「那個不做不行，這個不做不行」的人，眼前的工作通常會遲遲沒有進展。因為腦中有各種想法不斷湧現，反而讓人無法採取行動。

將想法拋出腦外，具體來說有三種作法：「寫在紙上」、「輸入手機」、「與他人分享」。

①寫在紙上

關於我要做的事我自己很少管理，因為現在都是員工幫我管理；但是一個人工作的時候，還是會把各式各樣的事情整理成「要做的事的清單」。每天用Ａ４大小的紙列出的清單大概有五張左右，**從請款單的製作到繳稅，全部的事情我都會寫下來。**

也拜寫在紙上所賜，要做的事變得非常多，但自己腦中「該做的事」卻一件也沒有。「寫在紙上」雖然是很理所當然的事，對減少壓力卻非常有效。

②輸入手機

想要「之後再讀」的報導或創意點子，可以寫成 E-mail 的草稿或是用 LINE 單獨傳給自己。

順帶一提，**在我的信箱中草稿累計有二百七十九封**，裡面存有各式各樣的資訊和創意點子。

想去喝酒的店、員工性格分類、為妻子和兒子創作的「肚臍探險隊」歌詞……。

這也可以做為工作計畫的準備，同時也是培養品味所需的「知識學習」；既是我的點子手帳，也是思考的材料。

③分給其他人

這或許是到了現在的地位才做得到的事也說不定，當有新案子進來的時候，我會先丟給員工或製作人。

在與客戶會面進行談話的過程中，如果對方說出「這次這個想拜託你」、「這個可以請你再想一下嗎？」我會立刻將「剛剛談了這些事情，對方這樣說……」寫成 mail 寄出去。

用 LINE 與認識的人互動的時候，若有決定好的工作，也會直接將螢幕截圖傳出去。

像這樣**透過思考的「外部化」，可以讓事情不會留在自己的腦中，不但壓力可以減少，想點子也會變得更容易**。常有人問我：「你都不覺得有壓力嗎？」、「心中不會感到焦慮嗎？」我並不是沒有壓力，而是用方法讓自己不會感覺到有壓力罷了。

「讓工作計畫變得更好」就等於「製造空白」

提到創意總監，似乎總是會承攬各式各樣的案子，「這個怎麼做？那個怎麼做？」、「這個設計不做不行……哎呀！我跟那個案子的客戶在吵架……。」並且會像這樣讓人產生非常忙碌的印象也說不定。

但如果一直這樣忙個不停，腦中亂成一團，基本上是無法產生好點子的。要避免如此，時常在腦中預留「空白」非常重要。

「讓工作計畫變得更好」有各式各樣的意義，最重要的意義就是能「製造空白」。如何製造空白會決定工作的成敗。**我之所以要做好萬全的準備，安排好各種工作計畫，全都是為了要能夠製造「空白」**。

在我的腦中完全沒有像筆記那樣的東西，也正因為如此，例如在「東京巧克力工廠」的會議中，我才能像打開電視一樣，迅速在腦中浮現東京巧克力工廠的點子。正因為隨時處在放空的狀態，才能不斷湧現新的發想。

正因為腦中「一片空白」，所以才能想個不停。

因為筆記一片空白，所以要怎麼畫都可以。只有在思考的時候，才拿出那時候需要的調色盤開始畫畫，畫好之後，就將它交給員工或交易的對象。也因為這樣，我的筆記總是一片空白。

我也曾聽小山薰堂先生說，開會之前不要過度準備。他一直都是「兩手空空」，說難聽一點，可能接近「什麼都沒有想」，不過也**正因為預先製造了大量的「空白」，才能當場提出好的點子吧**。我也是在模仿這種做法。

薰堂先生經常會說「是呀，這麼說來……」。他在討論或開會時，聽了別人的話之後常會立刻接著說「啊！對呀！」「是呀，這麼說來……」，應該是從談話中想到出人意表的點子。

如果事前準備太多，「這個也想說，那個也想說」，就做不到這件事。腦子塞太多東西是無法產生好點子的；但反過來說，時常在腦中或大腦之外預先記錄「這個可以用在○○」這點非常重要。

先做好萬全的準備讓腦中留下空白

「製造空白」、「一片空白的狀態」、「完全放空」……為了做到這些，該怎麼做比較好呢？

答案是**先收集好可能需要的材料**。換句話說，就是要先做好各種準備工作。

舉例來說，「現場勘查」的作業基本上要在工作開始之前完成。現場勘查雖然感覺有點缺乏效率，但有看過現場再工作，跟沒有看過現場就工作，做出來的成果完全不一樣。

做「FLANDERS LINEN」的工作時也是如此，工作開始前我便自費前往現地視察。這是比利時的麻布公司想將當地生產的麻品牌化，並進行販售的計畫。

因此我特地去當地看種麻的田地，也順便在附近的博物館等地參觀，因為到過現場感受過當地的溫度，所以這個工作到目前為止都進行得非常順利。

依客戶的不同，有時客戶也會說：「不用來現場看也沒關係。」但是如果真的沒有看過，感覺還是會有偏差。沒有到現場看過就不會知道，人類的感覺就是這麼敏銳。

建築師妹島和世女士曾說過這樣的話：「即使同樣是六公尺×六公尺的房間，牆壁厚度二十公分或六十公分，感覺完全不一樣，人類的感覺就是敏感到這樣的程度。」

在這個網路上就能獲得各種情報的時代中，為了準備工作計畫特別跑到比利時雖然有點多餘，但就結果來看，正是因為在現場獲得了許多資訊，才能讓之後的工作更迅速且更順利地完成。

為了不在工作開始進行之後產生疑問或不安，要盡可能發揮想像力和預測能力，先做好各種準備與安排。這樣一來，腦中才會留下空白，也才能完成高品質的工作。

2

盡可能不要自己抱著「球」

大腦中要經常預留空白

我雖然有很多工作，但並不會覺得有壓力，心裡也一直覺得很輕鬆。這是因為我經常在腦中預留空白的關係，因此做很多工作也不會爆開，經常能想出新的創意。

經常有人會抱著太多工作，煩惱著「該怎麼辦……」。我的做法是盡可能不讓自己抱著球，而這也是製造空白，讓工作能夠快速完成的祕訣。不要讓自己一直抱著球，要傳給別人，有時也可以把球丟掉。

只要將抱著球的時間盡可能縮短，工作必然也會進行得更迅速。這並不是僅限於我的立場才能做到的事，員工或下屬也都做得到。例如盡早和印刷廠或文案寫手等外部的工作夥伴協調，或者簡單的工作就快點把它做完等等。

當被問到：「這個做了嗎？」有時員工會回答：「還沒有。」例如請書法家寫字的工作，當我問起：「已經委託書法家了嗎？」對方回答：「還沒有。」，問起：「已經請插畫家了嗎？」也是答：「還沒有。」這種情況會造成壓力，事情也會一直做不完。

不要將工作全都積壓在自己身上，要不斷將球傳給別人，採取這種方式，工作的速度才會越來越快。

完成度很低也沒關係，先有雛型就好

為了要很快地把球傳出去，我會利用瑣碎的時間集中精神把工作做完。

舉例來說，透過LINE針對客戶現有的問題點加以討論之後，立刻就花十分鐘左右整理成文章，直接發信給員工，詢問：「可以幫我做一份企劃書嗎？」即使正在看電視，當想到什麼的時候，我也立刻集中精神，做出大概的輪廓。

訣竅是完成度很低的狀態也沒關係，之後再慢慢做出來就好了。**不要要求完美，只有某種程度的雛形就可以先提出來。**

例如，在只能出設計大致輪廓的階段，可以先不管細部的內容，請印刷廠幫忙估價。雖然中間還會反覆修正，但從以前就都是這樣做。

如果不這麼做，就不知道「做得出來還是做不出來」。首先先用最理想的紙進行估價，若紙不能使用，就要調整創意的表現方式。如果預算只有一百萬，卻被告知需要「三百萬」的話，或許可以提出「那麼所有內頁都做成單色比較好？」等轉換方向的做法，且在之後進行調整。

工作做得很慢的主要原因之一，就是「修改」或「整個重做」。這在設計業界也很常見，但只要先提一次完成度較低的東西，很少會出現整個被推翻的情形。

當然，如果遇到比較大的客戶，可能會因為直接聯繫的負責窗口沒有決定權，而產生需要修改的情形，但至少負責窗口不會整個推翻，光這樣效率就會提升。

不要一次想很多個案子

曾有風潮認為多工很好，一次可以進行很多案子的人很優秀，但我並不這麼認為。

話雖這麼說，但在現實中我卻總是多個案子一起進行。一邊做相鐵的車輛設計，一邊參與燒酎酒廠的設計，還有代官山的文具店和大型超市、和風小物的策畫製作……不勝枚舉。

實際上怎麼運作呢？

如果我「在今天中午前的時間盒中放入『構思相鐵的制服』這一個骨牌」，上午就會**將其他的事全部忘掉，「唯獨」考慮跟相鐵制服有關的事**。

在這當中，若是想到了其他的工作，像是「啊！那個酒廠的包裝可能要這種感覺比較好……」就當成雜念並加以忽視，只管專心一意集中在「相鐵的制服」。然後到了其他骨牌的時間，就將與「相鐵制服」有關的事忘掉。這麼做是因為我很笨拙，如果考慮兩件以上的事情，就無法集中。

學生時代，課程會以節數來分割。大家在體育課的時間不會去想國文；就算拚了命做理科的實驗，只要鐘聲響了，就會立刻切換成音樂課的時間，開始合唱……工作也可以採取同樣做法。

問題是，跟學校不一樣，在公司會有電話打來，或上司詢問「這個怎麼樣了？」等事情來打斷。

電話或上司或許不能當成是「干擾者」，因為也是工作的一部分，只能接受。

雖然外部因素不能控制，但至少要在自己心中訂出「一次只專注在一件工作」的規則。

還有像是「今天真的很想要集中精神」的時候，乾脆就移動到咖啡店等其他地方，這也是一種可行的做法。

「多工處理」並不是「同時處理多個工作」的意思，而是「專注在一件工作，然後再轉向其他工作」。

自己創造可以集中精神的環境

說起我的集中力，實在是令人驚訝的任性，如果沒有創造出可以集中精神的環境，就完全不會現身。因此只能從經驗中推導出「可以讓自己集中精神的環境」，並加以準備。

以我的情況來說，只要一有「聲音」，集中力就會減弱。有些人會邊聽音樂邊工作，但音樂對我來說都是會打擾到我的聲音，聽到喜歡的歌手，還會忍不住跟著唱。因此為了尋求「無聲」，有時我會一大早在自家工作。

每個人可以集中精神的環境都不同，也有人在吵雜的環境才能集中。要百分之百不太可能，但處理關鍵部分的時候，至少要為自己確保一個可以專注的環境。

就像對周圍張開「結界」（譯註：僧伽劃定界區，限定活動的範圍。）那樣，創造出對自己最好的環境。

準備好讓自己可以集中精神的環境。為了做到這一點，讓工作盡可能不被打斷，就需要事先做好各種準備。

以我的例子來說，**我在各種地方都有準備 iPhone 的充電器**。在公司內的話，就是會議室、自己的房間和工作的位子；至於在家的話，則是客廳、臥室，還有在我周圍的許多地方也都有行動電源。

因為頻繁地使用iPhone，中間若沒有電，會對工作產生不好的影響，因此我在各種地方都做了可以充電的準備，以確保iPhone一直是可以使用的狀態。

現在只是說到電源，過些時候說不定就變成到處是工具，就像有人可能認為筆到處放很方便那樣。

重點在於「並不是到處亂放」，而是為了讓工作的流程更順暢、更有效率，稍微設想過的安排，務必試著摸索出讓自己覺得最好的環境。

磨久一點好創意就會出現……這種事並不存在

即便想要在「下午一點到三點集中精神思考」，也可能因為厭煩而開始想別的事情，我也會有這種「跟心情的抗爭」。

這時候最好公開表示「要躲起來兩個小時」，然後到安靜的空間集中精神。

反過來說，「三點之後覺得狀況很好，一直做到五點……」這種情況並不會發生，也不會有「再磨一下會不會就生出好東西了」。應該跟我的個性有關，我並不喜歡這種有點「像賭博」的做法。

我認為設計或創意都「有答案」、「結案期限就是結束」。**覺得越做越順這種事，有可能因此拖延時間，而影響到其他的案子**。所以決定好「到三點」就做到三點，然後在腦中進行切換，這樣做長遠來說反而更有效率。

3

讓生產力最大化的討論

當場只討論一件事，之後想到了再討論「第二件事」

為了能夠慢慢產生雛形，要設法**在開會討論的「當下」就提出好點子**。

福井縣有一家名為漆琳堂的漆器公司，曾經和我討論想創造新品牌的計畫。在開會的位置上，我當場在紙上寫著：「這個品牌名稱如何？」並說了出來。先不管好壞，反正就盡量提案，整個討論幾乎花了兩天，進行了十個多小時，然後彼此都看到大致的輪廓，覺得「這個方向性很不錯」。

提出好點子時，「當場」提出是重點。

透過開會討論獲得資訊後，不要做「我大概知道了，回去再想想」這樣的事。因為重新提案還會多花時間，原本正火熱的想法也會冷掉，**最好是在當下就說出**

來，之後再慢慢補充更新，藉此捉住方向——這正是能加快速度的祕訣。

另外或許也有這樣的人，「不，我不是單獨一個人就無法想出好的提案……」或者有「之後再想了一下，又覺得不太對……」這類的情形。如果是這樣的話，也可以當場考慮是否要「變成第二個方案」。

首先，在開會時先提出一個方案，之後如果再提出另一個方案，只要說：「我想到更好的方案了！」就沒問題了。

若有必要，也可以在會議中發送郵件。

在與福井的鯖江市市長會面時，我被問到：「要讓鯖江變得很熱鬧，該怎麼做才好呢？」，我回答：「『提到鯖江市就想到眼鏡』這樣的認知已深入人心，接下來要打出的是漆器。」

鯖江早已被認為是眼鏡的城市，但是會想「那麼，去那裡玩吧！」的人幾乎沒有，因此我才提案要主打漆器。甚至「可以打造類似集合北陸所有工藝品的『北陸工藝村』，您覺得如何呢？」即使想法還不成熟，我還是當場說了出來。

此外，我們還聊到福井有很多酒廠。

這讓我想到中田英壽先生，他最近對日本酒很著迷，因此我當場就發了封信給他：「有參加過鯖江市的日本酒活動嗎？」、「沒有呢。」他立刻就回了信。我又回覆：「我現正在跟鯖江市長討論要做些什麼，你有興趣嗎？」結果就變成：「那麼下次再詳細跟我說。」

為了盡可能不要把功課留下來，當場就能提出答案，善用電話、郵件或LINE等等也是提升工作速度的祕訣。

迅速回覆與良好的工作表現息息相關

我幾乎所有工作都當場就處理掉。首先，會先完成自己的部分，**基本上不會有「擱置一陣子」的情形**。說得更直接一點，其實是因為沒有耐性。不僅是工作，在辦銀行或公所的手續時也是如此。只要有人聯絡我就會立刻回覆，因此每次都會被說：「回覆得好快呀！」

收到郵件我也會盡快回信。如果是可以很快完成的小設計，也會立刻動手然後就傳給對方，大概只需要花三十分鐘。

像這樣很快回覆，馬上就把事情解決，也可能會出現「那麼，這個也拜託你」之類工作增加的情況，但這並不一定是缺點。

如果是我的公司員工，或許會有「因為工作增加了，那稍微慢一點處理好了」

的想法；但就獨立創業的我來說，「有工作做是令人開心的事」，因此要早點做完，才能接其他的工作，接到的案子也才會越來越大。不擅長安排工作計畫的人，工作一定會被擅長安排工作計畫的人搶走。

為什麼這個時候需要談工作計畫的書？

因為加班變得越來越困難，所以**「在同樣的上班時間中，工作表現可以提升到何種程度」將決定個人的評價**。過去，即使不太會安排工作計畫，只要加一點班，就能補回來，但現在已經是難以這樣補救的時代，「咬牙撐一下就過了」之類的做法已漸漸不適用。在「減少睡眠時間盡量做」的方法不可行的時代中，原本被視為多餘的工作計畫將會變得越來越重要。

CHAPTER 5

前往目的地的團隊行動

1

建立超越「團隊」的「朋友關係」

「一個人的工作計畫」與「團隊的工作計畫」

為了能讓自己一個人的工作順利進行的工作計畫，相對而言比較單純；然而幾乎所有的專案都有另一個必要的元素。

那就是「團隊的工作計畫」。

現在工作的方式很多元，公司內外一起組成團隊採取行動的機會越來越多。因此在第五章將說明「團隊的工作計畫」。並不需要一個人勉強支撐，而是要把人拉進來一起做大事——這正是新時代工作計畫的重要元素。

我們公司的製作人也是我的妻子水野由紀子，不論對公司或對我而言，都是不可或缺的存在，且她對工作計畫的運用相當擅長。

搭計程車回家的同時，很自然地就會先準備好付費的手機和鑰匙……跟我比起來，她可能可以寫出更多關於工作計畫的事。

她之前的職業是電視台的員工，每天的狀態幾乎都像是「在一定時間內處理大量工作的修行」，因此自然而然就學會運用工作計畫也說不定。

結婚之前我才驚訝地發現，經常跟她講電話且交情很好的對象，竟然是停車場的老先生。

問過之後，據說是因為藝能事務所的人要求，「希望可以在停車場內停到好位置」，讓表演者可以準時並心情愉悅地抵達攝影棚。因為這也是工作的一環，**為了應付這種有點任性的要求，所以要盡量和停車場的老先生維持可以請對方協助的關係。**也因此還是新人的時候就經常送對方茶水點心的妻子，才會跟停車場的老先生變成好朋友。

最近我又想到這件事，覺得這也是一種為了工作的工作計畫安排。

並不是「為了這個節目的工作計畫」，也不是「為了這個藝人的安排」，這種停車場的通融，可以用在任何節目。

換句話說，藉由建立一個關係，就能提升工作的效率。甚至覺得，是否因為把老先生也當成「自己團隊的一員」，才增加了工作的能力？

一起喝酒成為「朋友」

一個專案通常需要公司內外各種職業的人一起參與，當然每個人因為立場不同，價值觀也不一樣，所以團隊的運作難免會有摩擦和麻煩。

我到目前為止經歷過各式各樣的專案，卻幾乎很少會有那樣的摩擦或麻煩，**因為我在很早的階段，就會先採取「實際接觸的溝通」**。

創意總監也是承包業者，雖然有人會稱我為「老師」，但基本的地位不會改變。

客戶的負責窗口很習慣應付跟我同樣位置的人，但對實際施工的現場工作人員卻經常不知道要如何應對。

二〇〇四年參與山形縣「湯野濱溫泉龜屋」的內部改裝作業時也是如此。從當地工務店工人的角度來看，十四年前的我只不過是一個從東京來的毛頭小子。

「創意總監？這傢伙沒問題嗎？」

那是一種心理雖然這麼想，表面上還是稱我為「老師」的生硬關係。我的提案也經常被無情地拒絕，「到底在說什麼？這種事做不到啦？」、「東京的老師說的事情很難懂呢⋯⋯」。

到了施工幾乎要停下來的時候，我抱著兩瓶跟酒店訂購的一升瓶裝酒，前往讓工人休息用的臨時工寮。

「辛苦了！要不要喝點酒呢？」

透過推心置腹地談話，與實際接觸地溝通我們變成了朋友。因為我覺得如果沒有從這裡開始一定會失敗，才想出這樣的苦肉計，但在豪飲過後的隔天，工作也變得越來越順利。

在馬場康夫先生的《「娛樂」的黎明》這本書中寫道，建造東京迪士尼樂園最後的難關，其實是要取得浦安地區漁夫的首肯，願意轉讓土地，所以這時候被派出去的人，是當時三井物產中肝臟最強的人。在專案進行的過程中，這類草根的事情必然不會一件都沒有。

這不是在講「酒」是必要的。

而是說**有種關係，是必須完全放開自己，透過充滿人味且實際接觸的溝通才能建立的。**

如果是不熟悉的人，絕對不會替我認真想著：「要朝著同樣的目的，一起完成工作」。

首先要透過「人與人」的確實溝通，才能提高彼此動力，確認目的並朝同樣的方向前進。若少了這個過程，團隊的工作計畫就無法成立。

因此，在工作開始之際的聚餐或飲酒會中，我一定**不談工作的事**。在相鐵的案子中也是，和車輛專家、塗裝專家、鐵軌專家等各式各樣的人一起去喝酒，也曾唱了一整晚的卡拉ＯＫ，都只是單純地飲酒作樂。

安排工作計畫是為了追求工作的效率，而採取模式化或其他以時間為優先的技術。但若只有技術而缺少人際關係，一樣也會進行得不順利。如果要讓團隊一起執行，這點一定不能忘記。

排除團隊內部的「上下關係」

團隊一起工作的時候，最重要的一件事，就是要以「工作目的」為優先。「這項工作在做什麼」才是最重要的。

有人可能覺得這是理所當然的事，但其實這比想像中困難。

如果是公司內部的團隊，職位和年齡等「上下關係」、單位與單位之間的「利害關係」常會被放在比工作目的優先的位置。

如果是跟公司外部的人組成團隊，也會產生「發案與接案」的上下關係。以我為例，就是「該公司專案的承包單位」。

但實際上，創意總監會被稱為「老師」，也會有被「拜託」的立場，如果想到這也是一種上下關係，就會讓人很不舒服。**若帶入「發案與接案」的關係，工作的目的就會無法實現。**

假設客戶提出委託說：「為了提升我們公司的知名度，希望可以製作吉祥物。什麼樣子呢？可以拜託你做出像熊本熊那種感覺的兔寶寶嗎？」

這種情況就是把接案跟發案的關係帶了進來，最後會變成「知道了，兔寶寶嗎，我很樂意，會盡快設計並提案。」並就這件事安排工作計畫。也就是什麼都不考慮，只集中在不斷插入的「拜託與什麼時候交」的工作時程安排。但是利用吉祥物，就結果來說，真的是提升公司辨識度最好的形式嗎？應該不是吧。

反之，如果表現得自大又強勢，像是說：「我好歹也是老師，要順從我的品味。」有可能也會做出「設計雖然很有趣，但誰都無法接受」的奇妙作品。

不管怎麼說，團隊無法發揮機能都是最糟的狀態。

雖然是極端的例子，但任何公司中任何一個小團隊都可能發生類似的事情。如果聽到團隊中地位最高的人說：「來做這個吧！」不要一下子就開始安排工作計畫。

不管同一個公司或不同的公司、職位較高或較低、業種相同或不同，都必須擁有共同的「團隊工作目的」。

團隊的話就必須分工合作，很容易會一下子就以安排工作計畫為優先，但如果尚未擁有共同的目的就建立工作計畫，最後只會得到抵達錯誤地點的路線圖。

2

為了讓團隊全體朝向同樣的方向

「團隊一起工作」就是在「實現約定」

團隊一起工作的時候，會產生許多「約定」。

「這個希望什麼時候做好呢？」每個團隊成員之間都會互相提出這樣的要求，履行這種要求可以讓團隊開始運作。

我認為**工作的全部，說白了就是約定了什麼，並朝著這個約定前進**。為了實現「這個／什麼時候／完成」的約定所鋪設的最佳道路，或許可以稱為工作計畫也不為過。

換句話說，工作計畫並不存在於事跟人之間，而是存在於「人與人之間」。請務必先了解這個大前提。

正如前面提過的，沒有先確認結案期限、不顧一切就先動手……有這種毛病的人出乎意料地非常多。我要再說一次，請務必認識到「這不單純是結案期限的問題，而是與共組團隊的人所做出的人與人之間的約定。」

公司的員工中，也有不好好確認結案期限的人，連要對客戶說「幾月幾日幾點提出設計草案」這樣的事情都做不到。不是突然說「做好了」然後進行提案，就是被對方催促之後說「啊！還沒做好呢」然後慌張不已。

不過因為他在私生活中卻總是遵守約定，所以意識轉換後立刻就有所改善。

「跟朋友提到要一起吃飯，過了幾天之後，如果忽然收到這樣的LINE訊息：『我現在在涉谷的烤肉店，你怎麼還沒來？』你會怎麼做？是不是會回答：『咦！怎麼回事？之前沒有約啊！』結案期限沒有確定，就現在工作來說，就是做了這樣的事。」

當我這樣講，大家都能立刻理解。

不只是結案期限，團隊中也會反覆發生約定沒仔細確認的情形。因此**「不是工作，而是人與人之間的約定」**，在工作中意識到這一點非常重要。

透過「共享」提升工作的精準度

明明是團隊一起工作，為什麼有人會抱著工作不放呢？

舉例來說，像是被問到「做得出來嗎？」的時候卻不回答，或是當被問到「很辛苦吧，需要幫忙嗎？」的時候，卻回答「沒問題」，然後一個人埋頭苦幹。

會把工作抱著不放的理由，我想到的有兩個。

一個是因為很有自信。

另一個則是不想被否定。

有自信的人會相信「這個絕對正確」，所以會認為不需要討論。不迷惘、不討論，也不自我檢討，一下子就安排好工作計畫，然後不管別人一個人向前衝刺。

而不想被否定的人，大概是缺乏自信吧。

自己做到一半的工作，如果被誰看到，提出「這個不太對」的質疑，就會感到受傷，彷彿自己的存在被否定一樣，因此不想被人看到自己的弱點。

不管是哪一種類型，如果在無法重新來過的時間點發現錯誤，都將為團隊全體帶來麻煩，並使大家陷入危險的狀態。

我經常對員工說：「不要太有自信，沒有自信反而會有較好的工作表現。」不管有自信或沒有自信，都會成為抱著工作不放的理由。過度自信的人工作速度很快，所以一旦走錯方向就會造成很嚴重的傷害。

現在很流行說「相信自己」或「沒有根據的自信很重要」，但我認為絕對正確的人並不存在。

「每個人都會犯錯」，至少要先有這種程度的心理準備，再開始工作。彼此之間不要使用名為自信的鎧甲來防禦自己，這樣才會對團隊有幫助。

工作剛開始的時候，或已經在進行的時候，要盡可能讓更多人一起參與，這件事很重要。為了做到這一點，**微小的自尊不僅不需要，還會造成阻礙。**

3

透過真誠的溝通讓團隊更融洽

即使是工作計畫也不要「揣測」他人的想法

「不會看人臉色」和「實話實說」對安排工作計畫非常重要。

如果覺得「嗯⋯那裡有點奇怪⋯⋯」、「你說的意思我不太能理解⋯⋯」一定要當場提出來，這樣一來，錯誤或需要修改的地方才會減少。

做不到就說「做不到」也很重要。

我在出社會工作的第一間公司只待八個月就辭職了。第二間公司是業界知名的 DRAFT 公司。在那裡第一個由我負責的工作是設計五十六頁的小冊子。五十六頁其實有點多，並不是一個只有八個月工作經驗的新人可以完成的量；而且從跟文案人員討論，到與印刷廠交涉幾乎都是由我一個人負責。

即使每天熬夜也做不完，於是有一位前輩對我說：「做不到的話，就說做不到啊！」

這個時期的經驗對我影響很大。當別人對我說「做不到就說」時候，我心想：「真的該這麼做。」為什麼不在更早的時候就說「做不到」呢……。沒這麼做恐怕是想「讓自己看起來很厲害」吧！換句話說，就是沒有考慮到工作本身，**而是以「表現自己」為優先**。

另一個原因，是我一直有「做不到的工作不能丟給主管」的誤解。現在我也成了主管所以我知道，特別是部下很多的情況，「每個部下各自有多少工作，要分配多少量，處理速度如何……」可以完美掌握這些事情的主管幾乎不存在。因此，**身為下屬或員工，做不到的時候一定要講出來**。

是否能夠掌握「什麼時候該完成」？

因為是很急的案子，所以跟下屬或員工說：「這個要先做。」結果卻被擱置一天，然後說：「抱歉啊，今天實在太忙了……」應該不會沒有這種經驗吧？

我還是新人的時候，被交付任何工作，都會立刻反問：**「什麼時候要完成呢？」**或者直接說「如果是什麼時候要，就可以」。例如：「幫我到書店去買資料！」、「啊，幫我去買拍攝用的牛奶！」、「幫我去拍鐵路的照片！」當被叫去做這些事情的時候，我會這樣回答：「我沒辦法同時處理，牛奶什麼時候要？鐵路的照片如果是明天的話我可以去。」

因為不論是交付工作或被交付工作，都很容易忽略「什麼時候該完成？」

如果有額外追加的工作，可以考慮是否立刻處理。要懂得判斷立刻處理比較好呢？還是等一下處理比較好？這樣的時間很重要。如果無法判斷，就要發問。即便是看起來可以立刻完成的工作，如果現在不做也沒問題就之後再處理。

有人只要一接到新的工作委託就會立刻處理，像是被要求：「請幫我去買一些書好嗎？」立刻就回答：「好。」然後採取行動。這樣做乍看之下很好，但如果因為立刻這麼做讓原本在進行的工作延後，整個工作計畫都可能因此亂掉。

所以即便是可以立刻做完的工作，也一定要問清楚「什麼時候該完成？」如果對方回答「現在馬上」的話，再動手處理。如果自己現在無法處理，或許可以回答：「那麼可以交給○○嗎？」最好還是改掉思考之前就行動的毛病。

4

工作計畫順利進行的主管需要再多做的事

下達指示時要標註「所需時間」

我在分配工作**下達指示時，會標註「這個〇分鐘可以完成」的絕對所需時間，**這同時代表著「花〇分鐘來做就好的程度」。

舉例來說，如果說「十分鐘」，代表「簡單做就好快點調查」、「只要做出大概的樣子」。如果說「可能需要五小時」，就代表需要仔細地做。若在時間之內無法完成，就可能是做法有問題，或是做得過於精細，超過了被要求的精確度。

舉例來說，有一張「請製作咖哩飯」的訂單，因為不知道要做的是「十分鐘就可以做出來的即食咖哩」，還是「需要多道工序，至少花兩天燉煮的咖哩飯」，所以接到指示的人應該要問：「要做到什麼程度呢？」下達指示的人則應該說：「花〇分鐘來做。」

不僅是時間，**各方面都要養成「用數字思考」的習慣**。平時在思考事情的時候，要考慮到市場規模或銷售額大概是多少等數字和金額。

設計的視覺畫面也跟數字有關。這邊〇公厘、這邊〇公分等，一定會有數字出現。只要這樣想，或許就能用「設計思考」去理解各種事情。

向員工提出建議的時候也是如此，不要用「加油」這種曖昧不明的說法，應該改說「希望〇年後可以變成這樣」、「不是希望〇歲可以拿到新人獎嗎」、「如果是你的話一定再過〇年就做得到，因此最好這樣做」。

一邊進行畫面的想像，一邊提示具體數字。這樣做的話，才可以讓人知道明確的前進方向，也才能夠展開行動。

透過「討論」提升工作的效率

在good design company中，我為了能夠有效率地運作，採取了許多對策。其中一個方法就是增加「討論」。

過去我都很尊重每一位員工的自主性，對他們說「去想一想」之後就有一段時間放著不管。這樣做雖然員工不會怠工，每個人也都很努力，但常常不是往錯誤的方向前進，就是工作計畫有問題卻不處理，導致最後出現許多需要修改的地方。

因此稍微縮短週期，將「感覺如何？讓我看看」這樣的討論變成工作的例行公事，納入工作計畫中。

透過跟員工討論，就能知道「這裡不知道怎麼辦」或「結案時間還沒有確認」

等狀況，也能當場提供建議，讓工作的效率提升。

雖說是討論，但如果都由主管主導，會讓員工本人失去工作的動力，因此建議採取在擁有共同目標的前提下，確認重點的做法。

雖然我的立場是老闆也是主管，但也會覺得從下屬的角度來看，多加討論可以提升工作的效率。因為這樣做的話，「該做的事」、「所需時間」、「結案期限」等都可以得到驗證，預測的精準度也會提升。

我年輕剛出社會的時候，曾遇過即使我做出「絕對是這樣做比較好」的提案，也一定要求我「重新修改」的客戶。那時候我總是做很多準備，也盡量依工作計畫進行，所以每次重新修改等於都做了很多白工。而且我不懂，為何我覺得最好的提案，對方卻每次都用我不能接受的理由要我重新修改呢。

所以我採取了認真地報告和討論的作戰方式。

如果在準備的過程中學到了某些知識，我就會告訴對方「我知道了什麼」；

如果透過想像得出「會變成這樣」的假設，也會跟對方討論「這樣不對嗎？」

採取這樣的做法之後，對該做的事的掌握或預測都是和客戶一起進行，因此客戶完全被拉到我這邊。

最後提出的案子，雖然也是來自「我自己」，但至少不會在沒有理由的情況下就被否定。我認為**被說「不像水野老弟，而像是我想出來的東西呢」的狀態很不錯**。

這個方法不僅可以針對上司，連客戶都可以拉進來一起完成工作。不只是企劃或設計案，連安排工作計畫本身大家都可以一起參與。

「我認為這個專案該做的事是從A到H，但會不會把J之前都包含在內比較好呢？可以聽聽您的意見嗎？」

像這樣進行討論，可以與上司和客戶一起掌握「該做的事」。

「課長，我認為這項工作大概需要一個禮拜，這樣的估算會不會有問題呢？」

「這個會議的資料希望在三天內完成並徵詢部長的意見，這樣做來得及嗎？」

掌握所需的時間、將該做的事放入時間盒內，以及驗證工作的方向是否正確等，全都和上司或客戶一起進行。

安排工作計畫時，最重要的就是要和擁有最終裁決權的人共享。因此善用討論的機會，能夠使工作順利進行的機率大幅提升。

在團隊中雖然是站在球員的立場，但也不要什麼事都自己處理，要盡量與大家討論。如果是站在上司的立場，也要捨棄「完全交給對方的上司比較受歡迎」的偏見，積極地介入。

不管是上司或部屬，同樣都是不完美的人，所以只能結合大家的力量，盡可能地完成接近完美的工作，才是正確的工作方法。

「想通過這個案子」的想法非常自我中心

最後再說一件事。

有人可能會擔心，像這樣「一邊討論一邊進行」，會不會漸漸變成不是自己想做的方向呢？

即使真的認為A的方向性比較對，但客戶卻說「不要用A，拜託請用B」，這時候我會怎麼做呢？我絕不會完全照對方說的做。

首先，必須找出明確的理由，合理地說明為什麼「不是B而是A比較好」。這個**「將自己想的事情全部說出來」的過程，絕對不容許逃避**。好好思考為何這樣想，且為了將想法轉化成言語，最好平常多加訓練累積經驗。

在我的公司裡，絕不能說「反正就是覺得很好」，所有事情都要有辦法用言語說出來。不能說「反正就是很酷」，而應該說「這種都會的流行感很酷，跟這次專案的方向很合」等等，盡可能地提出說明。

這樣仔細說明的目的，絕不是因為無論如何都想讓「A」可以通過。「想通過」的想法只是單純地自我中心，對我而言，並沒有所謂「想通過的案子」。

比起「自己覺得比較好的東西」，應該去思考「哪一個才是正確解答」。因為比起「自己」，應該把「工作」擺在更前面。哪一個方案對這個專案來說才會加分呢？應該以此為優先。

當我的意見改變的時候，就是認為「那樣做會比較順利」的時候，而不會只是因為想著「不會賣」、「不會順利進行」就有所改變。

Epilogue

你的工作是爲了讓人們幸福

這本書介紹了為了可以迅速進行高品質的工作所使用的「工作計畫」。
其中，關於工作計畫什麼是最重要的呢？
如果我被問到這個問題，應該會回答「想像」吧。

A案和B案要選哪一個？

這種時後我會盡量發揮想像力。

「這裡選A的話十年後會變成這樣……」

「選B的話大家應該會有這種反應……」

「說不定A和B都不該選……」

盡可能運用想像力，去描繪出未來的樣貌。

在思考熊本熊的時候，也曾想像「利用這樣的吉祥物來推廣熊本應該會充滿樂趣吧」。在腦中生動地浮現出熊本熊輕快地跳舞，為小朋友帶來歡樂的畫面。

思考相鐵的車體顏色時，也曾思考怎樣的顏色會顯得「優雅」，而且也顯得「安全、安心」呢？甚至在腦中想像出有電車行走，沿線的人們都變得很快樂的樣子。還考慮到將來也可以在涉谷搭乘，電車的顏色最好不要像其他鐵路公司的顏色。

考慮到各種時間帶與季節，在腦中模擬各種狀況，一步一步地讓工作進行。

不管是什麼樣的專案，在想像的時候我經常考慮的是，「該怎麼做才能稍微讓世界變得好一點呢」。

眼前的工作該怎麼讓世界變得更好呢？

只要每個人多思考一下或多花一點功夫，就能迅速改變工作的樣貌。

而且我們漸漸進入這種事情很容易發生的時代。

我認為在這個時代做生意的方法，就好像「時光倒流回到江戶時代」一樣。

一直以來有企業、有消費者，在這中間有廣告代理或電視等媒體間接地造成市場的興盛。

但是隨著網路，特別是社群媒體的興起，「顧客」跟「企業」開始直接溝通，甚至「顧客」跟「生產者」也開始直接對話。

「這個很好吃喔！要不要買一個？」、「看起來很棒，來兩個吧！」

「這個很便宜喔！」、「嗯……是嘛，我再考慮一下。」

這種光景根本就像是江戶時代中「商人與客人」的互動。

江戶時代的商業模式，其實就像網路的力量變得更加強大的現在這個時代。為了讓每一個商品變得更好而努力，揭開漂亮的「暖簾」，每個人都穿著法被，思考怎麼叫賣才能吸引客人。商品組合或陳列方式該怎麼做？每一個店家或企業連這樣的細節都會仔細設計。

因為這樣的事情很重要的時代已經來臨。

今後不是「企業跟人」，而是「人跟人」的溝通會變得非常重要。員工有可能在哪裡做的某件事就損害了企業的形象，也可能因為「神回應」就讓形象提升。這是個良好工作表現的影響很容易擴散的時代。

一個人的力量很微小也說不定。

但是一個人的力量可以影響周圍的人，也可以讓世界開始產生變化。

就像「蝴蝶效應」，只是小小的一隻蝴蝶揮動翅膀，就能引發連鎖反應、產生波動，甚至改變世界。

連蝴蝶都會產生影響，所以人只要做點什麼就會產生讓世界大幅改變的可能。

一切都是從每個人的「想像」力量開始。

約翰·藍儂留下了〈想像〉（*Imagine*）這首名曲。

正好說明了對工作來說「Imagine（想像）」是最重要的。

現在，認真仔細地處理眼前的工作，可以讓多少人感到快樂呢？稍微花點巧思處理眼前的工作，可以讓多少人感到幸福呢？

想像的力量應該可以幫助你取得好的工作成果。

要不要試著寫一本工作計畫的書？當WORDS的竹村俊助先生來探詢這件事的時候，我一開始回答這是很重要的主題，但我並沒自信可以整理出來。就結果來看，我自己在很多地方受到不少照顧。

工作計畫並不只是為了讓工作進行的表面技巧，還會讓自己看待工作的方式產生改變。隨著工作計畫的運作，工作會變得越來越有趣。我要向一直陪在我身邊忍受我的竹村先生表達我的謝意。

編輯青木由美子小姐與鑽石社的和田史子小姐都提供了許多協助，真的非常感謝。

還有提供了像山一樣多的想法當作原稿種子的妻子；講話有點不懂規矩，但只要到書店，都會擔心我的書賣得如何的兒子；還有跟我一起快樂工作的全體員工，在這裡我要再次感謝大家。

希望拿起這本書的人，每天都會變得更快樂、更充實，即使只有一點點，也將是我莫大的榮幸。

二〇一八年十月

水野學

〈作者相關製作物版權〉

P3　上
相模鐵道　20000 系車輛照片
2018 年／相模鐵道株式會社／ P：長島弘和

P3　下
久原本家　茅乃舍　商標、包裝材料
2013 年／株式會社　久原本家

P4
熊本縣公關吉祥物「©2010 熊本縣くまモン」吉祥物
2010 年／熊本縣廳

P5
東京巧克力工廠　商標、包裝、包裝材料
2018 年／株式會社 I'LL

創意，從計畫開始：最重要卻沒有人會教你的工作計畫教科書 / 水野學著；林貞嫻譯 .-- 一版 .-- 臺北市：時報文化，2020.01
面；　公分 .--（Hello Design 叢書；HDI0042）
譯自：いちばん大切なのに誰も教えてくれない段取りの教科書
ISBN 978-957-13-5996-0（平裝）
1. 工作效率 2. 業務管理 3. 職場成功法
494.01　108021877

時報文化出版公司成立於一九七五年，並於一九九九年股票上櫃公開發行，
於二〇〇八年脫離中時集團非屬旺中，以「尊重智慧與創意的文化事業」為信念。

ISBN 978-957-13-5996-0（平裝）

HELLO DESIGN 042

創意，從計畫開始——最重要卻沒有人會教你的工作計畫教科書

いちばん大切なのに誰も教えてくれない段取りの教科書

作者　水野 學（みずの　まなぶ）｜**譯者**　林貞嫻｜**編輯**　黃筱涵｜**特約編輯**　Mag Tung｜**美術設計**　張文德｜**內頁排版**　藍天圖物宣字社｜**第一編輯部總監**　蘇清霖｜**董事長**　趙政岷｜**出版者**　時報文化出版企業股份有限公司　108019 台北市和平西路三段 240 號 3 樓　**發行專線**—(02)2306-6842　**讀者服務專線**—0800-231-705・(02)2304-7103　**讀者服務傳真**—(02)2304-6858　**郵撥**—19344724 時報文化出版公司　**信箱**—10899　臺北華江橋郵局第 99 信箱　**時報悅讀網**—http://www.readingtimes.com.tw｜**法律顧問**　理律法律事務所　陳長文律師、李念祖律師｜**印刷**　勁達印刷有限公司｜**一版一刷**　2020 年 01 月 17 日｜**一版七刷**　2024 年 2 月 28 日｜**定價**　新台幣 320 元｜